UXデザインのための発想法

松原 幸行 著

近代科学社

序 文

　発想法に関する書物は数えきれないほどたくさんあるが，その内容は，手法論に偏っていたり，UX デザインという領域で使えるように掘り下げていなかったりと，実践に役立つ良いものがなかなか存在していない．また，アイディア出しを行う「発想ワーク」は，商品（製品・システム・サービス）の企画からコミュニティーの中でのプライベートな活動に至る，ほとんどすべての仕事で必要とされる実務である．そのような意味からも，UX デザインの実践活動を踏まえながら，あらためて「発想法」をひも解き，手法に加えて発想のためのツールや発想ワークのプロセスも含めたバイブル的な書物があっても良いのでは，と考えた．

　また，UX デザインの実践知識という意味で，これら手法やツールやプロセスを集約し，使いやすくまとめた「UX デザインのための発想の本」があるべきとの思いに至り，本書の執筆を手がけることにした．

　本書『UX デザインのための発想法』は，そもそも発想とは何か，から始まっている．発想には，商品のアイディアのような「創造のための発想」だけでなく，「解釈としての発想」もある．『アイデアの作り方』を書いた米国のジェームス・ヤング氏いわく，"アイデアとは既存の要素の新しい組合せ"である．つまりゼロから生み出すものではないということであり，そうであるならば，「解釈としての発想」が重要となるはずである．

　解釈には，事前知識と感性が必要である．第 1 章では，このような要素も取り入れながら「発想とは何か」を解説してる．また，発想について，発想のためのツール，UX デザインとしての発想など，第 2 章以降の内容を概観できるような内容とした．

　第 2 章「解釈としての発想」では，感性的な解釈，推論的な解釈，

アブダクションなどに触れ，最後に「UX デザインとしての解釈」をひも解いている．

　第 3 章と第 4 章では,「創造としての発想」における,発想技法,発想手法，発散と収束のプロセスなど，発想ワークの骨子について解説している．また第 5 章では，チームで行う発想ワークについて，ファシリテーションを中心にすえながら，留意事項やプロセスについても触れている．

　第 6 章は，イノベーションという切り口で「イノベーティブな発想」とはどういうことかについて解説している．第 7 章は発想のためのツールについて，また第 8 章では，発想を収束させていく段階での発想や評価の手法について，それぞれ触れている．発想ワークにも PDCA（Plan/Do/Check/Act）があるが，その A である知財化については，第 9 章で触れている．

　本書は UX デザインのための書である．したがって，各章の末節には「UX デザインのための〇〇〇」というふうに，UX デザインの実務を考えて，なるべく使い勝手を良くしたつもりである．説明が足りない箇所も多々あるであろうが，章末にある参考文献なども参照されながら，実践の場でご活用いただければ幸甚である．

　なお，本書の執筆にあたっては，富士通デザインの上田義弘氏と新世代クリエイティブシティ研究センターの沖 隆介氏に貴重な情報をご提供いただいた．また近代科学社の小山透氏と安原悦子氏に多大なご尽力をたまわった．この場を借りて感謝の意を表する．

2019 年 10 月　松原 幸行

目次

第 9 章　発想の先に

第1章

発想する

発想とは何か，また発想するとはどういうことなのか等について，発想のためのツールと合わせて解説する。『UX デザインのための発想法』についても節を設けて解説する．

1-1
発想するとは

　発想とは，何かの考えや概念やアイディアを思いつくことである．その考えや概念やアイディアは，イメージを伴う場合もあるし，そうでない場合もある．イメージは具象的な場合も抽象的な場合もある．イメージが抽象的な場合は，言葉や文章などほかの表現手段を用いるか，代替するイメージに置き換えて表現することもできる．ただ，イメージが具象／抽象を問わず，また適切な言葉があったとしても，それらを表現した瞬間から，多様な解釈が始まる．つまり，発想はほかの発想を生む宿命にあると言える．

　発想の種類には，物事のとらえ方や解釈など感性的な働きを駆動体とする「解釈としての発想」と，新しく生み出すアイディアのような「創造としての発想」の2つがある．

　　発想の2つの側面：
　　1.　**解釈としての発想**
　　2.　**創造としての発想**

　前者は，従前の「知識」や「経験」やそのうえで蓄積される「記憶」に大きな影響を受ける．解釈には知識や理解する力が必要で，理解を深める過程で，過去の経験やその経験から得た記憶を探りながら発想し，自分なりの解釈を進めることになる．学説や世論や論説など，"第三者が導きだした解釈"は「解釈としての発想」とは言えないので，ここでは触れない．

　たとえば，誰かの発言をさして「その発想はユニークだね」と言うときは，その発言を解釈した結果であり，情報の受け手（発言を聞いた人）の，その発想に関係する知識や，事前理解の有無や，同様の事象を過去に経験したことから獲得した記憶など，「感

「性」をつかさどる知識や知恵が深く影響する．その結果,「ユニークである」という評価を与えたのである．

　後者は創造的な行為（アイディア出しなど）をトリガーとして生まれるものと,「思索にふける」など，思考的な体験から導かれるものとがある．

　思索にふける行為というのは，いわゆる「瞑想」と，何かの問題についてその解決策を考えぬく過程の中で，要因を分析したり特定したり解決策をアイディア出しして比較検討したりする一連の行為を意味する場合とがある．

　両者とも，"答えを得る"という目的が根底にある場合を想定している．瞑想は自己の中での葛藤であり，解決策を考えぬくのはチームや組織としての葛藤であると言える．答えを得るとは，試験問題のように答えが伏せられていてその正解か不正解かを問うようなものではなく，多くのケースで正解がない．その意味で，"正解を創造している"のである．その意味においての「創造的な行為」である．

　一方,「新製品のアイディアを発想する」というような場合は，アイディアを生み出すことに力点を置いているので，きわめて創造的な作業であり"既存にはない魅力を生み出す"ことを問題にしている．ただ，そのアイディアの源泉には，問題（テーマ）の解釈や気づきなど，感性的な側面が深く影響していると考えるのが自然である．その意味では,「解釈としての発想」も含めて考えることが必要である．

　ジェームス・ヤング（James W. Young）氏の言葉を借りると，アイディアとは既存の要素の新しい組合せである．人は常に周囲から刺激を受けている．そこには様々な心理的なバイアスもある．その刺激に触発され，またバイアスに影響され，感性的な体験（気づきなど）を経て，何かの考えや概念やアイディアを"思いつく"のである．それが「発想する」ということなのだ．

発想するとは，周囲からの刺激や心理的なバイアスの影響，感性体験を経たうえで何かを思いつくこと．

　感性的な視点とも言いきれず，また思考作業はあっても"創造的な行為"とは言えない場合として，「ビジネス戦略の立案」などきわめて合目的的な意図を伴った発想もあり，ビジネスにおいてはこちらのほうが重要な場合もある．

　たとえば，サービスデザインの経営的レベルにおいては [1]，「経営ビジョン」や「ビジネスゴール」などを発想し文書化しなければならないし，「ビジョン」の与え方については，サイモン・シネック（Simon Sinek）氏の「ゴールデンサークル理論（図1-1）」のような，発想に視点を与える理論も存在する．これらの枠組みに沿って発想しつつも，前述の"多様な解釈"が生じないよう，十分配慮する必要がある．

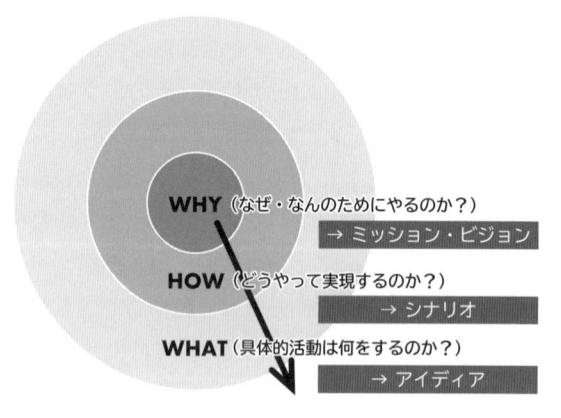

図 1-1　ゴールデンサークル理論
（サイモン・シネック（Simon Sinek）氏による）

　ここで，ゴールデンサークル理論について簡単に触れておく．シネック氏は，企業は，中心から外側に，つまり Why から What に向かって発想すべきであると述べている．世の中の商品には"何ができるか"という What を力説するものが多いが，それはユーザーの心に響かないと言う．そうではなくたとえば，な

ぜその製品を出すのかという背景として，「楽しくなつがれるようにする」などの Why をまず明確にし，その概念を反映した商品とすべきとしている．発想として大事なことに「Why からの発想」があると言える．

　企業も社会的な存在である以上，社会的な存在意義を見出さないと，社会の中で長くは事業活動ができないであろう．「社会的な存在意義」という意味は，社会に何をもたらすのか，ということである．社会に悪をもたらす企業はアウトローの世界にしか存在しないわけだから,社会に善をもたらすのは明白である．だが，この「善」の内容が問題である．「豊かな社会を築く」とか「人々を幸せにする」とか「人と人をつなげ助け合う社会を醸成する」などなど，何のために存在するのか明確にしないと，"分かりにくい企業"になってしまう．これが「企業のビジョン」と言われるものの正体であり，シネック氏の言う「Why」である．ビジョンが不明瞭な企業は，分かりにくい企業である．分かりにくい企業からは分かりにくい商品しか生まれず，そのような商品は消費者の心に刺さらない．これが，商品が受け入れられない最大の要因である．
　したがって，企業にとっては，どのようなビジョンを発想し制定するかは，初期の最も重大な仕事となる．このビジョンを発想するのは経営者の責任であり，経営者のセンスというか感性が問題となる．つまり，「時代を読む感性」という求心力が求められるのである．

　社会の中で存在し続けるには：
① 　企業ビジョンを明確に述べる．
② 　経営者が時代を読む感性（センス）を身につける．
③ 　上記①②を求心力として組織を動かす．

良い経営ビジョンを発想し，これを求心力としてビジネス戦略

を立案する．この際,重要となるのが「ビジネスゴール」である．ビジネスゴールは，これを達成すればビジネスが成功したとみなす当面の目標のことである．経営的レベルのサービスデザイン[1]において求められるのは，これらを発想することでもある．

「解釈としての発想」については第 2 章で詳しく解説する．また「創造としての発想」については，第 3 章で詳しく解説する．

さて，アイディアを発想すると言っても，それは無の中から見出すものではない．ヤング氏は「アイディアとは既存の要素の新しい組合せである」と言う．つまり，外部からの様々な刺激を受けて新たな発想が誘発される．また，人の中には様々な心理的バイアスが存在する．そのようなバイアスの存在も認めつつ，他者のアイディアを自分の中で咀嚼し，一部改良や追加・削除など変質させたうえで再定義するのがアイディアである．再定義するということは，既知の事物に対するリフレーミングであると言うこともできる．

アイディアとは，既存の要素や他者のアイディアを自己の中で咀嚼・改良し，再定義（リフレーミング）したもの．

一方で「ゼロからアイディアを生み出せ」ということもよく言われる．この意味合いも，まったく何もない状態から新たなアイディアを生み出すというようなことではなく，「既成概念を捨ててゼロベースで物事を考えろ」という"戒め（いましめ）"である．
ゼロベースで物事を考えることの意義は，クレイトン・クリステンセン（Clayton M. Christensen）氏らの言う「破壊的イノベーション」に合致した姿勢であるということである．つまり，破壊的イノベーションで求められるアプローチであり，〈あえて既存

1　サービスには 3 つのレイヤーがある．経営レベルのサービスとはビジョンやビジネスゴールを立案することである（『実践 UX デザイン』P162 参照）．

の路線を踏み外す視点で新たな価値を考える〉ということである．けっして無からのひらめきを求めているわけではなく，日々関心をもったり，頭の中で熟成したりすることが重要である．このためにも適切な発想法を用いてアイディア出しを行うことが求められる．

なお，本書で使用する言葉であるが，本書では英語の「Idea」を「アイディア」と小さい「ィ」入りで表記している．世の中には「アイディア」と「アイデア」があり，どちらが正解ということはない．ただ,原語である英語の Idea の発音に近い「アイディア」のほうを採用した．

ただし，書籍名やウェブページのタイトルなどを引用する場合は,原文が「アイデア」の場合はこれを尊重してそのまま使用する．

1-2
発想法について

発想するための方法論を「発想法」といい，特に創造的な発想においては，強制的に発想したり，あるいはなるべく効率良く発想したり，また複数人が協働で発想したりするなど，発想を促す方法論が存在する．個人が1人で発想する場合は，寝ながらでも歩きながらでも自由な時や場所や姿勢で行えるが，チーム活動など複数人が集い発想を協働する場合には，それなりのマナーが必要となる．役割も，その発想会議を推進する進行役（ファシリテーター，facilitator）や，発想したものを記録する記録係（スクライバー，scriber）の存在は不可欠である．進行役は発想会議を進行し方向づけを行う．また，チームによる発想会議のためのマナーを決めてそれを統制する進行役の役割も持つ．記録係は会議の記録について責任を持つ．ビジュアル・スクライビング（視

覚的な記録）［2］など，記録の仕方を工夫することで，さらに新たなアイディアの発案を促すことも期待できる．チームによる発想については第4章で詳しく解説する．

「ビジュアル・スクライビング」についていま少し言及すると，現在の日本では「グラフィック・レコーディング」，略して「グラレコ」と言う場合が多いが，米国では「ビジュアルファシリテーション」とか「ビジュアル・スクライビング」と呼ばれることが多い．そしてその役割を担う人は「ビジュアル・プラクティショナー」とか「ビジュアル・スクライバー」などと呼ばれる．パイオニア（先駆者）は，デビット シビット（David Sibbet）氏で，彼の仕事を見ているとビジュアル的にも優れており，様々な良い刺激を与えてくれる．つまり感性を刺激するのである［3］．Yahoo の清水淳子氏が，「今の日本のグラフィック・レコーディングは，"グラフィックが施された議事録"で終わってしまっているものが多いように感じる」と言っている．つまりビジュアル・スクライビングは，レコーディング（記録）だけが目的ではないのである．

発想法には様々なものがある．アイディアを出すべき対象の目的やそのアイディア出しの位置づけなどに応じて，適切な発想法を選択し活用・運用することが大事である．そのためにもまずは，発想する活動，中でもアイディア出しについての原点を知ることは重要である．

そもそも発想とは，前述のとおり，何かを思いつくことである．発想が即アイディアに直結しているわけではない．「この着想は良いかも」というように，着眼した点や概念など感性のレベルで考え着想したものがあり，本書ではこれを「感性的な側面」としている．また新規のアイディアの源泉にも感性的な側面が影響を与えていることにも言及した．つまり，「感性」が原点にあると理解して良いのである．同じ発想法を用いてもアイディアを生み

出せる人と生み出せない人がいる．この点を是正する意味で「強制連想法」をうまく活用すると良いのだが，そもそも"感性を鍛えること"を忘れてはいけない．感性を磨く方法については第 8 章の最後で詳しく解説する．

米国の実業家 アレクサンダー・オズボーン（Alexander F. Osborn）氏は「ブレインストーミングの原則」として，次の 4 点を上げている．

ブレインストーミングの原則：
1. 判断・結論を出さない．
2. 荒削りなアイディアを歓迎する．
3. 量と多様性を重視する．
4. 人のアイディアから連想し発展させる．

詳しくは 5-2 節を参照のこと．

オズボーン氏も，アイディアは無から生まれないという点はヤング氏と共通しており，それゆえ「人のアイディアからの連想」という原則をかかげている．また，結論を急がないとか荒削りなアイディアという点において，ブレインストーミング特有の問題が見て取れる．なお「批評しない」ということであるが，何も批評せず流してしまうと思考停止となり，かえって発散しにくくなるなど，まったく批評しないというのも具合が悪いことがある．著者は，「一部批評」が良いと考える．良いところは認め，悪いと思った点を批判しその部分を改良した代替案を出すのである．つまり，あえて悪い点を見ることも重要である．これであれば次から次へとアイディアが出るはずである．また，量を重視する点は重要である．ダブルダイヤモンド・モデル（図 1-2）に見るように，アイディア出しのポイントは発散と収束を繰り返すことにある（ダブルダイヤモンド・モデルについては 3-2 節を参照のこ

と）．したがって，ある程度発散しないと，"偏ったアイディアによる性急な結論"ともなりかねない．限られた時間ではあるが「もうないかな？」と自問自答しながら，量を出すようにする．その意味からも，「一部批評」や後述する「強制連想法」などを用いながら行うとよい．

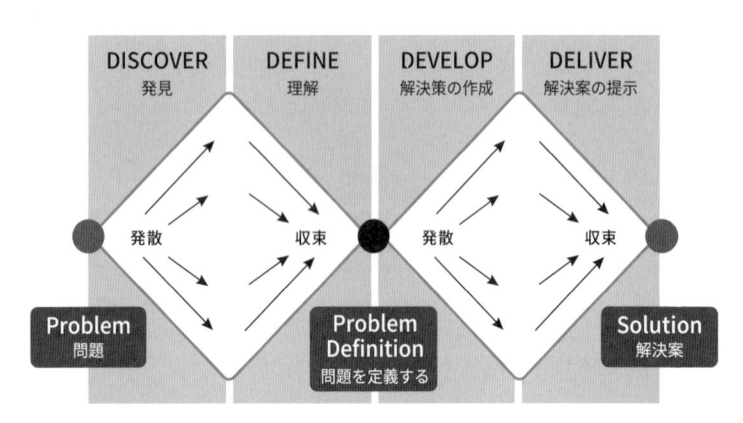

図 1-2　ダブルダイヤモンド・モデル（英国のデザイン協議会による）
"INNOVATION AND ENTREPRENEURSHIP IN EDUCATION" より引用
（https://innovationenglish.sites.ku.dk/model/double-diamond-2/）

　ダブルダイヤモンド・モデルは，発散と収束の繰返しにより，問題を特定する段階と，解決する段階を定義づけたもので，英国のデザイン産業協会が 2005 年に提起したモデルである．特定する段階，解決する段階のそれぞれに，発散と収束という 2 つの手順を位置づけている．その際，発散には量と多角的に発想することを求めている．また収束には，分類し統合する姿勢を求めている．このプロセスは，言葉を替えれば「プロトタイピング」であり，アイディア出ししてプロトタイプにまとめ，検証のうえアイディアを絞り込む過程の重要性を示している．

　発想法は，一般化されているためにそのままでは使用が難しいことがある．その場合は，適宜，自組織の風土やスキルに合わせてカスタマイズしたり，省略・追加したりする．いかに省略・追

加するのかについては，一般に答えがない．

　発想法をカスタマイズする際は，利用する人・チームの経験や知識を考慮する．アイディア発想に不得手な組織では，発散する手法（第 3，4，5 章）に重点を置いて工夫する．またアイディアマンが多い場合には，収束する手法（第 7 章）に重点を置いて工夫する．

1-3
発想ためのツール

　発想のためのツールには，容易に入手できる汎用的なものと，入手が難しい特殊なものがある．汎用的なものでは，テンプレートを基に自作したり，インターネットサイトで公開されているものをダウンロードしたりする．特殊なものは，ツール提供先から購入したり，特別に開発したりする．

　発想のツールを使用する意味は，発想するコツを汎用化し，誰にでもある程度発想できるようにするため（発想法の汎用化）と，発想そのものを支援するため（発想支援）の，2 つの目的がある．

　発想法の汎用化については，「QC7 つ道具」や「6W1H」などのビジネス用途として普及している．

　「QC7 つ道具」はクォリティー・コントロール（Quality Control, 品質管理）を行う目的で, 7 つのツールを定めている [4]．この中で, 例えば「特性要因図」は問題の要因を解釈して洗い出し，整理する（収束させる）ためのツールである．「6W1H」は，対象となる事象を，When，Where，Who，Whom，Why，What，How の 7 語で整理分類する方法である．この 7 要素は，UX の文脈を整理する方法としても有効である．

次に発想支援についてである．アイディアを常時露出しておける専用の発想支援のためのスペースがある場合は，ひらめいた時に適宜アイディアを追加できるなど，プロセスを工夫しながら活用するとよい．また，アイディアをデータベース化して過去のアイディア事例を活用できるようなシステムがある場合は，新規に出すアイディアは少なくてすむ場合がある．つまり発想する環境（情報システム・場・スペース・コーナー）だけでなく支援する仕組みも重要である．

　発想支援ツールには，米 IDEO 社が開発した「メソッドカード」やアムステルダムの MediaLAB Amsterdam という機関が開発した「Design Method Toolkit」など，市販されているものもある．これらのカードは，新規のアイディアに手軽にヒントを与えるものとして有効である．また，アイディア出しする際に情報の均質化や分類を容易にするものとして所定のアイディア記述用シートを用意するとよい．

　これらツールについては第 7 章で詳しく解説する．

1-4

UX デザインとしての発想

　UX（User eXperience：ユーザー経験）デザインとして発想を行う場合であるが，UX とは文字通り「経験の良し悪し」を問題にすることなので，発想も経験を形成する「行為」の展開など，「動詞的」な視点を持つべきである．動詞的とは，「〜する」ということなので，行為に結びつくものである．そこには行為者（経験する人）がいて行為の中身（経験そのもの）がある．

　動詞的な発想は，元はと言えばマーチャンダイジング（merchandising，消費者の欲求・要求にかなう商品を提供する意味のマーケティング用語．商品は英語で merchandise であり

製品 product とは区別して考えている）の世界のものである．UX デザインが発生する以前は，製品のアイディアを問題にするケースが多く，その製品とは多くが物理的に存在するモノであった．しかし今日，商品にはモノ（製品）以外のものとして，サービスとか情報などが多くなりつつある．ここで，商品と製品を区別している点に注意してほしい．製品とは作り手が販売を前提に作るモノである（＝製造する品）．商品とは，明確に顧客が想定されていて，その顧客に売るためのモノやサービスである．また商品には固有の情報が付加されている場合もある．この場合，情報も商品を構成する重要な要素である．サービスデザインとは，言い換えれば，顧客を幸せにする商品を企画し，その企画を顧客が利用できる仕組として作り込み，提供することである．

　UX デザインが問題にするのは「経験」であり，モノも含めて一連の文脈の中に存在するコトである．コトにはサービスや情報などが含まれる．これらを含めつつ，アイディアを展開する．これが動詞的な発想ということであり，「UX デザインのための発想」を考えるうえで重要な点である．

　ところで，マーチャンダイジングは，「消費者の欲求・要求にかなう商品を提供する」という意味において機能するものである．ただ，欲求・要求にかなうかどうか，そもそも消費者の欲求・要求とは何なのかについて，マーチャンダイジングの中に答えがない．また，ここで問題にする商品が，"モノ主体"から，"モノも含めたコト"というふうに変わってきているし，しかもそれらが経験の中に存在するという点について，一考を要する．マーケティングの世界でも最近は，売り手志向ではなく，ユーザー志向が重要である点が理解され，「ユーザー経験」に注力するようになってきた．したがって，マーチャンダイジングにおける課題は次の2 点に集約される．

マーチャンダイジングにおける課題：
① いかに消費者の真の欲求や要求を知り，企画に反映するか？
② 商品の解をいかに経験としてユーザーに提供するか？

　この 2 点については，前者はエスノグラフィ手法，後者はエクスペリエンスマップ（またはカスタマージャーニーマップ）というツールでカバーすることができる．これらを熟知したデザイナーと協働することが，ユーザー志向の商品提供を行う早道である．

　さて，マーチャンダイジングから紐解く"動詞的な発想"であるが，次のようなロジックで展開する（図 1-3）[5]．

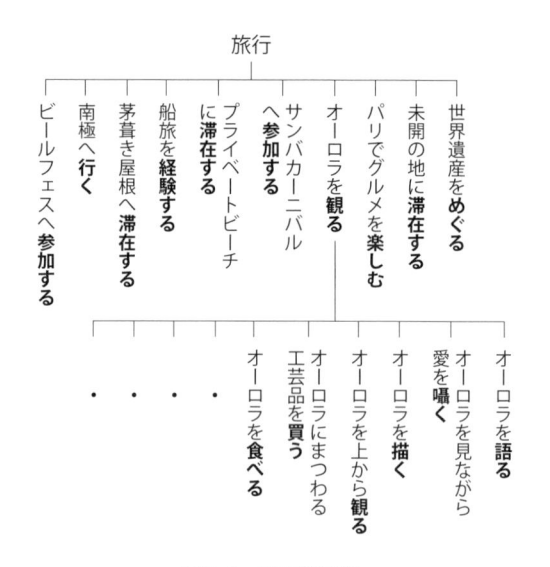

図 1-3　動詞的発想

　図にある「オーロラを食べる」というのは，本来はグルメというキーワードを持つ「グルメを楽しむ」から出てきそうなアイディアである．動詞的発想法の面白いところは，これが「オーロラを観る」から導き出された点であり，「観る」の部分について動詞

的に発想を広げた結果であり，たとえば「オーロラを模したパスタ料理」とか，あるいはオーロラという名前のレストランをツアーに組み込むなど，旅行を彩るアイディアと解釈することができるのだ．このように動詞的な発想を繰り返すことで顧客の経験が発想できる．

　さて，UX 向きの発想スタイルを考えるとき，著者はさらに「動詞＋副詞で発想する」ことを提唱する．

　コトからの発想の例として，カメラのアイディア出しについて考察する．この場合，「新しいカメラ」という製品ではなく，「新しい作法で撮る」とか「便利に記録する」いうふうに動詞で発想すべきであると言うことはすでに述べた．

　最後の「撮る」と「記録する」という部分が大事なのである．「撮るとはどういうことなのか」「記録するとはどういうことなのか」を考えるのだ．つまり動詞的発想に副詞的発想を加えると「UX思考」になる．

　ところで，前述の「便利に記録する」だが，何を言っているか分からないかもしれない．記録したデータ（画像やテキストやQR 情報）が“単にストックされるデータ”というにとどまらず，いろいろな用途に有効活用できるような形にして蓄えることを意味している．

　ついでに言うと，データの活用とはナレッジマネジメントの世界で有名な SECI モデル［6］の根底をなす視点であり，ナレッジマネジメントに寄与するたけでなくオフィスの生産性向上においても重要な視点である．「便利に記録する」という言葉にはそのような含意がある．

　長くなったが，言いたかったのは，「新しいカメラは？」という名詞的なアイディア発想を行っても，形や素材や構成が違う無数の“ちょっと違うカメラ”が産み出されるだけで，少しもイノベーティブではないということだ．ならば動詞＋副詞で「便利に記録するとは？」と問うてみる．

"便利に"の部分の意図は先に示したようなことだから，具体的には次のようなアイディアが生まれるであろう．たとえば，

- 記録と同時に場所や天気などの 6W1H 属性も記録する．
- 記録したデータがクラウドの関連フォルダーに自動的に分類保存される．
- 記録対象の ID を照合し特定できる．
- ライフログとなり健康管理ができる．etc.

　これらあくまでも，動詞＋副詞で発想すると新しい用途や利用方法が見えてくるという例だ．

　同じようなアプローチで例えば，「オーロラを観る」を展開して，観るスタイルとして「寝そべって観る」とか「船の上から観る」とか「2 人だけで観る」などの解釈を加えればよい．いずれにしても "動詞＋副詞" でアイディアを展開するところが，UX 的と言える．

　ただし，ここで読者の皆さんもお気づきのとおり，図 1-3 の事例では，ユーザーの期待や要求とは紐付けられていない．このままはきわめて不十分である．そこで，その溝を埋めるものとして，あらかじめユーザー調査を十分に行い，ある程度のインサイト（潜在的な欲求や期待）を得ておく必要がある．得られたインサイトを基に「オーロラを観る」のレイヤーやその下のレイヤーのアイディアを展開し，副詞的な解釈の追加を検討するわけだ．

　副詞的展開の他には，動物の行動など対象を意図的に変えてアイディアを発散する方法（エクスカーション法という），チェックリストにより意図的に視点を変えて発想を広げる方法（オズボーンのチェックリスト法など），あらかじめ抽出しておいた感情語などと組み合わせて，情緒的なしかけを強制的に組み込む手法（クロスビー法という）などがある．これらについては第 4 章

で詳しく解説する.

参考文献 ほか

[1] サービスデザインには，①経営的なレベル，②戦略レベル，③事業遂行レベルの３つのレイヤーが存在する．参考：『実践 UX デザイン ―現場感覚を磨く知識と知恵―』（松原幸行，2018，近代科学社）

[2] Visual Scribing．日本ではグラフィック・レコーディングと呼ばれることが多い．

[3] David Sibbet' 氏の Portfolio https://davidsibbet.com/portfolio/

[4] パレート図，特性要因図，グラフ（管理図を含む），チェックシート，ヒストグラム，散布図，層別の７種類である．他に「新 QC7 つ道具」もある．こちらは親和図法，連関図法，系統図法，マトリックス図法，アローダイアグラム，PDPC 法，マトリックスデータ解析法の７つである．参考：https://www.sk-quality.com/qc7/qc701_general.html

[5]『流行づくり ―キャンペーン・プランニング作法―』（井上優 編，1982，宣伝会議別冊）

[6]「SECI モデル（ナレッジ・マネジメント）」http://www.osamuhasegawa.com/seci モデル /

第 2 章

解釈としての発想

物事を解釈するうえでの発想には，「事前知識」だけでなく「感性」も大事になってくる．アブダクションや Why からの思考などの中心的な視点と合わせて，UX デザインのための解釈とは何かについても解説する．

2-1

正しい解釈をする

　解釈が正しいとはどういうことなのか，それだけでは判然としないであろう．何に対して正しいのか，どうあれば正しいのか，前提条件をはっきりさせてくれないと答えが出ないと言われそうである．ここでいう「正しい解釈」とは，発想が求められている課題（テーマ）を適切に理解し，その課題（テーマ）に即した発想を行なっているかという点と，その発想が感性豊かなものであるかどうか．つまり面白いか，センスが良いか，感心するか，という点の2つである．"正しい"は"まっとうな"とか"適切な"と読み替えてもよい．

　　本書でいうところの「正しい解釈」とは：
　　・与えられた課題（テーマ）を適切に解釈し発想を行って
　　　いるか？
　　・その発想が感性豊かなものであるかどうか？

　なお，後者については，発想する本人の感性と，発想の受け手である他者の感性の両方が含まれる．せっかく面白い発想をしてもそれを面白いと受け止めてもらえない場合には，その"面白い発想"は評価を受けない．そのあたりが極めて感性的であり，該当組織の人間関係や文化的背景にも関係する．これを含めたポイントを整理すると次のようになる．

　　感性豊かな発想であるためのポイント：
　　1. 与えられた課題（テーマ）を適切に解釈しているか？
　　2. 発想する本人の感性が十分に豊かであるか？
　　3. 発想の受け手となる他者の感性が十分に豊かであるか？

1 については，モノ志向であるかコト志向であるかという点も関係する．モノとしてでしかテーマを解釈できない人は，今日のコト社会においては到底正しい発想を行うことは期待できない．過去の製品において成功体験があると，それにしがみついて発想しがちである．それはそれとして，今日のコト社会に即してコト発想ができるか否かは重要である．

これはたとえば，新しい「ナイフ」を考えるとき，ナイフというモノ（人工物）で考えずに「切ること」というコト（行為）で考えろ，ということである．切る体験と言ってもよいし，料理経験の中での切る行為ととらえてもよい．また，切り方という作法で考えてもよいのである．とにかくナイフというモノから離れてコトでテーマを解釈するところから始まると言っても過言ではない．

2 と 3 については，属人的な問題であるので，日々の経験を通じてより豊かになるよう努めるしかない．その意味では，仕事を離れたオフタイムの時間の使い方が大事である．感度の高い人は常にアンテナをはって新しい動向の把握に努めるであろうが，新しい動向がすべてではない．その動向に内包される意味とか，自分なりの解釈とか，そういうものが大事である．「気づきの包括的な内容」であるとも言える．

自分なりの解釈というと，タレントの IKKO 氏の言葉が印象的である．氏は「個性は，周りとは違う感性を選ぶ（焦点を当てる）ところから生まれる」と言い，モダンなものを求める風潮の中であえて古典に触れてみるとか，"人と違う行動" を奨励している [1]．これは個性とは何かという問いに対する 1 つの答えであり，氏の見識である．ただ，感性的な解釈が他者と同じであれば，個性的とは言えないというのはうなずける．

どのように解釈するか（感性的な意味を見いだすか）について，例を示しながら考えてみる．次のエッセイを読んでほしい．

ここに花子さんと真一君と太郎君がいる．真一君は花子さんを愛していて，何とか恋人にしたいと思っている．花子さんも真一君に好感を持っている．ある日，真一君は一念発起し，花子さんに愛を告白することにした．生花店で「赤いバラ」を購入し，ラップしてもらった．

　真一君と太郎君は友達同士である．太郎君は，真一君が買った「赤い花」を見て，高かったのではないかと思った．花子さんは，真一君から贈られた赤いバラを見て「自分への真一君の愛」を知り，幸福に思った．

　太郎君の見ているものは，単なる「赤い花」である．「高そう」という感想をいだいている．

　真一君の見ているものは，「美しく赤いパラフィン紙とリボンでラップされたバラ科の花」である．真一君は，バラの花を見て美しさを感じる，という「感覚的な解釈」をしている．美しさを感じることはほとんど直感に近いが，このバラに自分の愛を込めて，花子さんに伝えたいという感情を抱いている．

　花子さんの見ているのは，真一君の愛がこもったステキな贈り物としてのバラである．花子さんにとってはこのバラは"単なる美しい赤いバラ"ではなく，好感を持っている真一君の想い＝愛という意味を伴った，かけがえのないものである．

　このような意味を感じるがゆえに花子さんは感動し，幸福を感じるのである．これが「感性的な解釈」である．つまり，

エッセイにみる解釈レベルの違い：
・花子さんにとってのバラ＝真一君の愛（感性レベルの解釈）
・真一君にとってのバラ＝（花子さんへ送る）美しいバラ（感覚レベルの解釈）
・太郎君にとってのバラ＝単なる赤いバラ（知覚レベルの解釈）

ここで示した花子さんの解釈は図 2-1 のようになっており，モードの世界ではコノテーション（共示，内包している意味）と言われている．同じ「花のバラ」であっても受け止め方でその解釈が異なるわけだが，花子さんはより高次の意味解釈をしており，「真一君の愛」という“特別な意味”を感じ取っているという点でより感性的な解釈である．

　これに対して太郎君の解釈は，直接識別した意味（＝花としてのバラ）のみである．真一君の解釈は，太郎君にはない特別の意味解釈をしているが，「美しい」という直感的（感覚的）なものにとどまっている．なお，花子さんのような高次の意味解釈を伴う感性を「感性価値」と言うことにする．また前述の 2 や 3 の「豊かな感性」とは，「感性価値の高い発想」である，と言い換えることもできる．

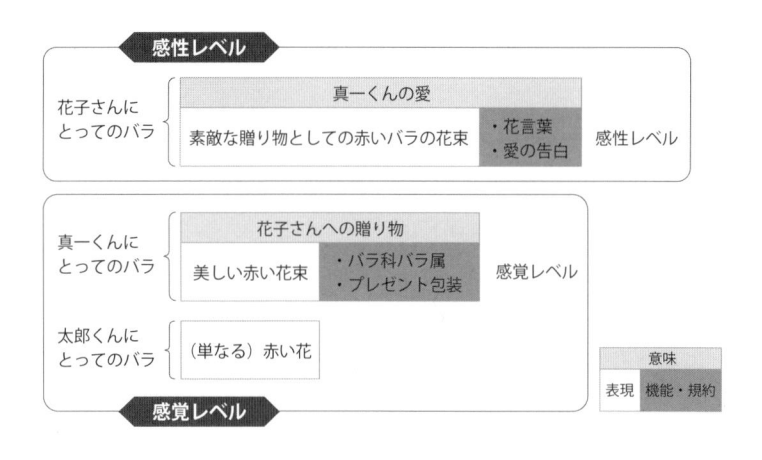

図 2-1　感性の二重構造

　このような感性価値の高い発想を発想するには，基盤となる感性が高いことが当然要求されるし，発想の工夫も必要となる．そのあたりをいくつかのアプローチを基に紐解いていこう．

2-2
演繹的推論とアブダクションについて

演繹的推論とは演繹的な思考で推論することであり，「A だから B，B だから C」というように小さい理論を組み立てて検討し，その結論として最終解を得ることである．UX 的に言えば，ユーザー調査などで得た事実を真実として推論を繰り返し，答えを得るような方法である．たとえば，「この作業者は自ら物品ごとに色ラベルを貼って識別している」という事実と，「物品にあらかじめ貼ってあるラベルは識別しにくい」という事実から，「物品のラベルに色を用いれば識別性が向上する」と結論づけるようなことだ．この判断が性急すぎることは明らかだが，事実が持つ信憑性というものを過大評価する人には魅力的な方法である．だが事実＝真実ではないところが曲者である．

作業者は自ら物品ごとに色ラベルを貼って識別している（事実）．
物品にあらかじめラベルが貼ってある（事実）．
現在の物品ラベルは識別しにくい（推論）．
物品のラベルに色を用いれば識別性が向上する（結論）．

事実＝真実，ではない．

演算的推論を正しく使うためには，仮説検証型のアプローチを同時に持つことが欠かせない．つまり小さな事実や仮説で積み上げた解はあくまでも「仮説」とし，検証を通じて最終解とすべきである．仮説検証型のアプローチについては 4-2 節に詳しく述べているが，演算的推論だけで解を求めようとすると思い込みというミスリード（Mislead，誤った導き方）を誘発する．

先の例で言えば，従来の色無しラベルがどれくらい不具合があるのかを確かめていない．また，ラベルの色数は何色までが良い

か考察していない．物品の種類よりも工程区分ごとに色分けしたほうがよいかもしれない．色の種類が多過ぎると判別しにくくなることも考慮すべきである．さらに言えば，"色ラベルで解決する"という発想が，色覚異常者を考慮したものかどうか疑問である．現時点で色覚異常者はいないとしても，将来を通じていないとは言いきれない．

様々な検討事項：
- 従来のラベルについての不具合の有無（要確認）
- 識別性の点でラベルの色数は何色が良いか（考察）
- 色分けの方法（考察）
- 使用して良い色と悪い色のルール・法則（要確認）
- 色覚異常者にも分かる識別とは（考察）

問題の解は，このような疑問を提示してそれを確認したり検証したりしたうえで得るべきである．現場で見聞きした事実により，観察者は強い印象を獲得しがちである．観察者にも「ギャンブラーの誤謬 [2]」というバイアスは存在するのである．このような間違いを起こす観察者は「にわか専門家」だと言ってよい．

そこで，このようなミスリードを回避するためには，チャールズ・パース（Charles S. Peirce）氏がアリストテレスの論理学をもとに提唱した「アブダクション」という推論方法を用いる [3]．
アブダクションとは，いくつかの事実や現象に法則を当てはめたうえで推論を行い，ある仮説を立てるものである．そして，推論する段階で推論者の想像力やひらめきを容認している．先の例を用いると，「作業者が自ら物品ごとに色ラベルを貼って識別している」という事実に加え，最も効果的な色付け方法や色数などの要件，現状の不具合結果などの事象を踏まえて推論し仮説を得る，というものだ．単なる演算的推論とは異なる．仮説形成の段階で推論者のひらめきを求めている点が特徴であり，解釈として

の発想力が求められるゆえんである．

2-3
ゴールデンサークル理論と経験思考

　米マーケティング・コンサルタントのサイモン・シネック（Simon Sinek）氏は「ゴールデンサークル理論」というものを提唱している［4］．これは，戦略や企画は"何をどうするからの発想"（What → How → Why）ではなく，"なぜそうするかからの発想"（Why → How → What）であるべきだ，というものである（図2-2）．

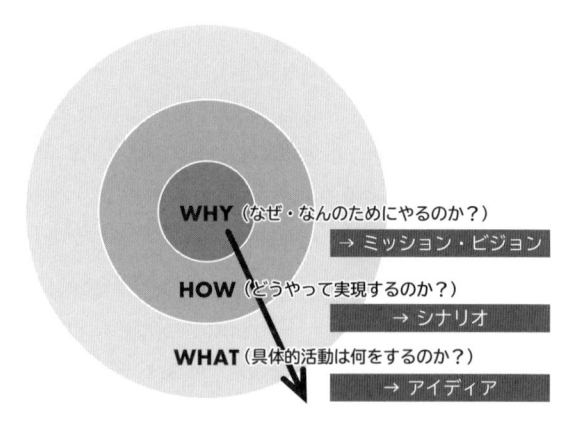

図 2-2：ゴールデンサークル理論（図 1-1 の再掲）

何を作るかからの発想（What → How → Why）→ NG
なぜそれを作るかからの発想（Why → How → What）→良い

（サイモン・シネック氏による）

　"なぜ"（= Why）の思考が大切とのことだが，世の中の多くの製品やサービスは"どんなものか"（= What）を一生懸命に説

くものが多く，それらは消費者の心に刺さらないといわれる．たとえば Dell 社は，「スペックの良い PC」という What に固執しすぎたために失敗したといわれているのだ．これに対して Apple 社は，「私たちは世界を変えられると信じて努力している」という Why が中心の考えとなっていると言われている．だから成功したというわけだ．

　シネック氏は，この Why をつかさどるのは大脳辺縁系という脳の中心部で，What をつかさどるのは外側の大脳新皮質であるとも述べている．"Why → How → What という発想"は,つまり,脳の中心から外側に思考を進めることを意味している．中心とは，生得的な価値観とか過去の経験や知識に基づく考えの基礎になるものを指す．たとえば Apple 社で言えば「世界を変えられる」という本質的な意思のようなものだ．これがあり「だから〇〇を作る（What）」とすれば，消費者の心を打つような製品やサービスが作れるというわけだ．

　この，なぜ（Why）という思考は簡単のようでいて簡単ではない．たとえば新しい製品やサービスの企画においては，どんな商品にすべきか，という，つまり What のアイディアが先行しがちである．ときには「なぜ」を後付けにし，形だけのものにしてしまう．これは，「できること」を優先する思考によるところが大きい．"できること"に注力しその範囲で"やること"を考えると，自然と How や What の発想になる．そうならないためには"やりたいこと"を発想すべきである．しかもこれは，作り手がやりたいことではなく，"ユーザーがやりたいこと"である．「ユーザーは要求を語れない」と言われて久しい．飽食の時代の消費者には，何が欲しいのかという「要求」を聞いても答えは得られない（だからインサイトを探索する）．これは，ユーザーがすでに満たされているからだ．

　このような状況においては，まず"ユーザーがやりたいこと"を考察し，そのうえで"弊社がやるべきこと"を考察する．この

弊社がやるべきことがミッションであり Why である．これができたら，その Why を基に，How や What を決めていくのだ．

　　ユーザーのやりたいこと（Why の Why）
　　弊社のやるべきこと（Why）
　　提供する方法（How：セグメントや資金調達やパートナーシップ）
　　提供するモノ・コト（What：製品やサービス）

　「やりたいこと」とはつまり「経験」である．経験の中にモノ（製品）も存在している．モノが入れ子になったコト（サービス）なのだ．複合機が欲しいのではなく「綺麗にコピーが取りたい」のである．あるいは，ナイフが欲しいのではなく「スパッと綺麗に果物を切りたい」のである．「〜したい」「〜やりたい」と思考することは,その人の経験を思考することを意味する．これが,ゴールデンサークル理論に基づく経験思考である．

2-4
UX デザインとしての解釈

　今までの考察から，UX デザインとしていかに取り組めばよいかが見えてくる．それは次の 3 つである．

　　UX デザインとしての取り組み方：
　　① アブダクション（仮説立案）を重視する．
　　② なぜするのか（Why）からの思考を大切にする．
　　③ ユーザーのやりたいことを知る（解釈する）．

これらは，UX デザインにおいて重要な"解釈としての発想"を意味している．言い換えれば，文脈的に考える必要がある，ということだ．これを抜きにしては，UX 思考が成り立たない．そこで，「文脈的な思考」とはどういうものかについて，次の 3 つの視点を基に噛み砕いてみる．

　文脈的に思考するとは：
　・文化的背景についての考察（高コンテクスト社会と低コンテクスト社会）．
　・シナリオベースのアプローチ．
　・ユーザー志向で考える（ユーザセンタードデザイン）．

■文化的背景について
（高コンテクスト社会と低コンテクスト社会）

　社会の成り立ちをコミュニケーションや文化を基に区別すると，高コンテクスト社会と低コンテクスト社会の 2 つに分けることができる．米国の文化人類学者であるエドワード・ホール (Edward T. Hall) 氏が提唱した概念であり，文化への依存度を指している．高コンテクスト社会は文化への依存が高く，低コンテクスト社会は文化への依存が低い，という意味である．

　日本や中国やイタリアは高コンテクスト社会の国である．ドイツやアメリカやオーストラリアは低コンテクスト社会の国である．他の国も含めて，整理すると次のような状況である．

　《高コンテクスト》社会の国：
　　日本
　　イタリア
　　韓国
　　中国
　　アラブ諸国
　　フランス語圏のカナダ

フィンランド
　　ロシア
　　ギリシャ
　　スペイン

《低コンテクスト》社会の国：
　　ドイツ
　　フランス
　　アメリカ
　　オーストラリア
　　英語圏のカナダ
　　スカンジナビア諸国（フィンランド除く）

　高コンテクスト社会にいる人々は価値観をほぼ共有しており，同じ規範の下に生活している．それゆえに内輪の言葉や概念，不文律などが多い．日本で「あうんの呼吸」などという関係がありえるのも，高コンテクストな状況だからである．一方，低コンテクスト社会にいる人々は多種多様な価値観を有しており，それを乗り越えて共同体を形成するためには良質なコミュニケーションを必要とする．つまり，言語への依存度が高いのである．人種のルツボと言われるほど多民族国家であるアメリカなどがよい例である．英語圏の国は低コンテクスト社会の傾向にある．

　経験を形成する文脈も，この2つではまったく異なるものとなる．経験をドライブするためのきっかけとなる「UX ナッジ[5]」を考えるとき，低コンテクスト社会の国では言語的な情報提供は必須であるが，高コンテクスト社会の国ではイラストやアイコンだけで通じるケースも多い．

■シナリオに基づくアプローチ

　シナリオとは，時間の流れを追いながら，経験の様子や内容を書き表したものである．シナリオに基づくアプローチで潮流にあ

るのは，「シナリオベースドデザイン（SBD）」である．SBD は，ジョン・キャロル（John M. Carroll）氏により 1990 年に提唱された手法で，山梨大学教授の郷 健太郎氏訳による書『シナリオに基づく設計―ソフトウェア開発プロジェクト成功の秘訣』[6]に詳しく書かれている．SBD は次のようなプロセスによる．

シナリオベースドデザインのプロセス：
1. フィールド調査・分析
2. 問題シナリオの記述
3. 活動シナリオの記述
4. 情報シナリオの記述
5. インタラクションシナリオの記述
6. プロトタイプの作成
7. 評価を行う

1 の「フィールド調査・分析」では，ユーザーの目標や利用する対象製品やサービス，利用する状況などを理解する．そのうえで，2 の「問題シナリオ」により，問題点を特定する．3 の「活動シナリオ」は，問題解決の方法を経験の流れとして記述する．これを基に，4 の「情報シナリオ」ではユーザインタフェース画面の内容を，5 の「インタラクションシナリオ」では実際の操作方法やシステムとのインタラクションやサービス利用の手順などを記述する．6，7 では，評価の結果を基にプロトタイプを改良して再評価を繰り返す．そのうえで最終的な統括的評価によりデザインを確定する．

この SBD のようにシナリオを構造化する手法を，より実践的に進化させたかたちにリメイクしたものとして，人間工学会アーゴデザイン部会が「ビジョン提案型シナリオ手法」をまとめている [7]．

シナリオは，シーンの連なりで成立しているが，そのシーンは概ね 6W1H に分解できる．ちなみに，6W1H とは，When，

Where，Who，Whom，Why，What，How の頭文字をとったものである．また，映像制作時に作成する「映像シナリオ」のように，絵コンテとナレーションで表現するようなものでも経験の流れは分かりやすく表現できるうえ，映像によるプレゼンテーションを想定している場合には，制作に移行しやすい点で有効である．

■ユーザー志向で考える（ユーザセンタードデザイン）

『誰のためのデザイン？』を書いたドン・ノーマン（Donald A. Norman）氏は，その本の中で「ユーザセンタードデザイン（UCD）」の必要性を述べている．これは，ユーザー中心にモノ・コトのあり方を考えるデザインという意味である．「ユーザー志向で考える」というのは，この "ユーザーを中心に考えるデザイン" の意義を示している．

国際標準（ISO）規格の ISO 9241-210（旧 ISO 13407）は，名称を「Human-centred design processes for interactive systems」といい，「人間中心設計（HCD：Human Centered Design）」の概念を定義している．1995 年に ISO に提案され，1999 年に ISO 規格化された．

HCD は，ISO 規格では「Human-centred design processes」とあるが，実践的な意味でのプロセスを定義しているものではなく，ブロセスの基本的概念を定義しているにすぎない．しかしその基本的概念は，ユーザー志向で考えるうえでの規範となるものであると言える．

UCD でも HCD でも中心に据えるのは利用者であるが，前者は「ユーザー」と明確に対象を定義しているのに反して，後者は曖昧である．これは，HCD の対象がエンドユーザーだけでなく，インタラクティブシステムのシステム管理者や機械のメンテナンスを行う人も含めているからである．つまり，インタラクティブシステムにかかわる「人間」すべてを対象にしている．そこで，あえて「Human（人間）」という言葉を使用しているのだ．

HCD は，プロセスの基本概念としては国際標準規格化されているが，実用的な方法論としてのプロセスは，導入主体ごとに決める必要がある．そこには様々なステークホルダーがおり，また既存の開発プロセスなどがあるため，導入自体が難しいという状況にある．そのような状況を踏まえてどう実践していくかを述べたのが前著『実践 UX デザイン』[8] であった．

　「ユーザー志向で考える」とは，常にユーザーに軸足を置き，ユーザーにとって良い商品やシステムやサービスとはどういうものなのかを思考する，ということである．しかし本当にそれだけで良いのだろうか．ユーザーにとって便利なものを，ただ漫然と追求してしまって大丈夫だろうか．商品やシステムやサービスの提供だけならそれでも良いであろう．昨今は，そういう懸念に対して，人であるユーザーの前に，自然とか社会とか他の弱い人々などがある，という考え方も出てきている．このような発想がソーシャルセンタードデザインのモチベーションであると言える [9]．

参考文献 ほか

[1] 2017 年の横浜美術大学での特別講演会にて．

[2] 自身の主観などから確率論的に誤った判断をしてしまうこと．

[3] アブダクション https://ja.wikipedia.org/wiki/ アブダクション

[4] 優れたリーダーはどうやって行動を促すか（ゴールデンサークル理論）
https://www.ted.com/talks/simon_sinek_how_great_leaders_inspire_action?language=ja

[5] ナッジとは，行動経済学で使われる言葉で，ものぐさな人間に対して，基準に逆手にとって人の決断を後押しするような手を打つことを指す言葉である．「ひじで小突く」という程度の意味であるが，単なるナビゲーションとは異なる．著者は,経験価値を考えるうえでのナッジを「UX ナッジ」と称している．（『実践 UX デザイン ー現場感覚を磨く知識と知恵―』松原幸行，近代科学社，2018，1-12 節，36 ページを参照）

[6] 『シナリオに基づく設計―ソフトウェア開発プロジェクト成功の秘訣』（ジョン・キャロル著，郷健太郎訳，共立出版，2003）

[7] 「ビジョン提案型デザイン手法の概要とフレーム」https://www.jstage.jst.go.jp/article/jergo/46sp/0/46sp_0_100/_pdf

[8]『実践 UX デザイン ー現場感覚を磨く知識と知恵ー』（松原幸行，近代科学社，2018 年）

[9] IDEO が人間中心設計の活動プラットフォーム "HCD Connect" を始動＞
http://frad-jp.blogspot.jp/2012/04/ideohcd-connect.html

市民参加の事例から「参画」のあり方について考える　http://www.humanvalue.co.jp/hv2/insight_report/articles/post_65.html

第 **3** 章

創造としての発想

何かを考え作る，つまり創造する活動のさま
ざまな場面で「アイディア出し」という発想
ワークが行われる．発想の目的や参加者や環
境などによって最適な方法について，UX デザ
インを念頭において実践的に解説する．

3-1
アイディア発想と発想法について

　本章では，発想の二つ目の側面である「創造としての発想」について解説する．いわゆる，新しい製品やサービスに関するアイディア発想である．具体的には，商品やサービスの構想段階から，企画，開発，導入，導入後サポートの全ての段階において，活動を効果的に行うためのアイディアを必要とし，一人またはチームでアイディア発想を行うことになる．「製品やサービスに関するアイディア発想」というのは，突き詰めればそういうことである．

　新しい製品サービスの構想や企画については，顧客からの共感をいかに得るか，また，競合製品やサービスに対する優位性をいかに確保するかについて思いをめぐらしプランを練り上げる．サービス企画を担当する当事者は，過去に与えた機能やサービスの影響度を点検し，それを超えるような驚きや感動を与えたいとの願望がある．当り前の品質では共感を得られず，驚き感動するレベルの品質が必要なのである．

　開発段階では，企画案をできるだけ忠実に，またユーザーがスムーズに利用できるような製品やシステムやサービスを開発すべく，オープンソースを利用するとか，オブジェクト思考設計のUML（Unified Modeling Language）を採用するとか，目的や開発意図になかった適切な開発方法を採用しなければならない．また，組織内の役割分担も重要である．そこには，多くの"解釈としての発想"が求められるのは前章で述べたとおりである．

　アジャイル開発においても同様に，様々なアイディア発想を行いながら，企画・デザインからプロトタイピング，評価のサイクルを回していく．メンバーのスキルや開発の難しさに応じて，開発方法を最適化するためのアイディアは必要不可欠である．

　導入や導入後サポートの段階においても，素早く顧客と価値を共有できる物流方法や販売方法を考える必要がある．この"考え"

は全てアイディアであると言える．また，利用者であるユーザーが受け止め評価した結果を汲み取り，事業を修正しなければならない．ここでも"解釈としての発想力"が求められるのだ．

　これらは，商品やサービスに関するアイディア発想のポイントである．言い方を変えれば，これらはプロジェクトチームへの問いかけであり，アイディア発想の課題であると言える．整理すると次のようになる．

　　顧客の共感をいかに得るか？
　　競合製品やサービスに対する優位性をいかに確保するか？
　　過去を超えるような感動価値をどう生み出すか？
　　適切な開発方法は何か？
　　いかに素早く顧客と価値を共有するか？
　　顧客がどう受け止めたか？
　　どのような事業の修正が必要か？

　その発想技法であるが，基本となる発想技法を大別すると次の4つとなる．「発散」と「収束」については，ダブルダイヤモンド・モデル（図1-2）を参照していただくと，理解がより深まるであろう．

　　発散技法
　　収束技法
　　総合技法
　　態度技法

　以降，この4つの技法について解説を加えていく．

■発散技法

　発散とは，論理や既成概念にとらわれずに様々な角度からできるだけ多くのアイディアを生みだそうとする行為であり，その手法を発散技法という．発散は，できるだけ多くのアイディアを生

み出すことを意図している．アイディアは質も重要だが，量を出すことが何よりも重要である．量のない発想では恣意的に決め打つことになってしまう．アレクサンダー・オズボーン（Alexander F. Osborn）氏も，「ブレインストーミングの原則」の1つとして量の重要性を上げている（1-2節）．

発散技法には次の3つの方法がある．

自由連想法
強制連想法
類比発想法

以後，この3つについて概要を解説する．

自由連想法には，「ブレインストーミング」や「ブレインライティング」などがある．自由とは言っても参加の敷居を低くして効率的に運営するためには，手順として一定のルールを設けて，これに従うことが重要である．また，長時間続けてアイディア出しを行うべきではなく，時間を区切って，20分程度のアイディア出し＞短い休憩＞再度20分程度のアイディア出し，というようにインターバルを設けて行う．アイディア発想の基本的なプロセスは4-1節で，ブレインストーミングの手順やルールについては5-2節を，ブレインライティングについては5-3節で解説する．

強制発想法には，「マンダラート法」，「マトリックス法」などがある．自由な方法だけでアイディア出ししていると，ありきたりのものしか出ずに行き詰まることがある．発散の視点を与えてその視点に沿って強制的にアイディアを出していくことで，チーム全体のアイディアの幅も広がることになる．

強制発想法にも，強制度が低いものから高いものまである．低いものは相対的に自由度が高いということで，「はちのすノート」が代表的である．強制度が高いものには「マンダラート法」や「XB

法」などがある．強制発想法の具体的な方法については 4-3 節で解説する．

　類比発想法は，アイディアの類似性に着目し，類推や強制的に関係性を考察するなどの方法で，アイディアの広がりを得ようとする手法である．

　類比発想法の代表である「ゴードン法」は，アメリカの製品開発専門家であるウィリアム・ゴードン（Willian J. Gordon）氏が開発した手法で，まず真のテーマを伏せてより根源的なテーマでアイディア出しを行い，次に，生み出されたアイディアを基に真のテーマによるアイディア出しを行うというものである．

　「シネクティクス法」もゴードンが開発した手法であり，異なった一見関係のないものを結びつける，という意味のギリシャ語が基になっている．無関係なものをあえて組み合わせることから，強制連想法の性質も併せ持っている．

　「NM 法」とは，中山正和氏が生み出した手法で，類比を使って発想する方法である．NM 法はシネクティクス法が基になってはいるが，完成度が高くステップがはっきりしているので，初心者でもなじみやすいであろう．

　この 3 つの手法については，4-4 節で詳しく解説する．

■収束技法

　収束技法とは，発散思考により集めたバラバラなデータをまとまりのあるものに集約し，有効な情報を形成していく方法である．収束技法は次の 2 つ型法に分類できる．

空間型法
系列型法

　空間型法は，発想法で得たアイディアを "似ているかどうか" で整理する手法で，演繹法と帰納法がある．演繹法は，図書分類

法のように予め分類カテゴリーを決めておいてこれに従って整理する方法である．帰納法は，KJ 法のように試行錯誤しながらグループを見出し最終的に提言のような型を見つける方法であり，具体的な事実から原則を導き出すような場合に用いられる．

系列型法は，似たものを集めるのではなく，流れに沿って意味を見出しながら整理する方法で，因果法と時系列法がある．因果法は，文字どおり因果関係に着目しながら要因を特定する特性要因図などが有名である．時系列法は，まさに時間軸を元にまとめる方法であり，新聞記事を基に事件の経過を知る，などの際に用いられる．

■総合技法

統合技法とは，発散技法と収束技法を繰り返しながら整理を行っていく方法であり，あらかじめ入口と出口を設けておいて，その過程で発散と収束を繰り返しながら強制的に発想を行う方法である「インプット・アウトプット法」や，理想のシステムを設定しておいてその理想に合うように現状を変えていくような方法である「ワーク・デザイン法」がある．

インプット・アウトプット法は，4-3 節で解説する．また，ワーク・デザイン法は，4-5 節で解説する．

■態度技法

態度技法とは，アイディアのアウトプットを直接目指すもではなく，クリエイティブに考えるための，基礎的な態度を問う方法であり，次のようなものを指す．

座禅やヨーガなどの瞑想法
カウンセリングなどの交流法
ロールプレイングや心理劇のような演劇法

態度技法は，仮説を擬似体験してみて想定ユーザーの生活の中で成り立つかどうか，受け入れられるかどうかを検証する行為でもある．デザイナーのヒューリスティック（経験則）で瞑想的に検証できる場合もあれば，ロールプレイングなどによりステークホルダーたちも含めて多くの人を巻き込んで検証しなければならない場合もある．

　いずれにしても，態度技法は定性的なものである．どのような方法を採用するかは，開発規模やステークホルダーたちの意向やUX デザインを行う当事者の経験や能力などを考慮し，慎重に決める必要がある．

3-2
発散と収束

　発散と収束のモデルを示したものに「ダブルダイヤモンド・モデル」がある（図 3-1 参照）．これは，英国のデザイン協議会が，2005 年に発表したものである．発散と収束が適切に示された分かりやすいモデル図なので，まずこれを理解していただきたい．そのほうが，以後の理解も促進されるであろう．

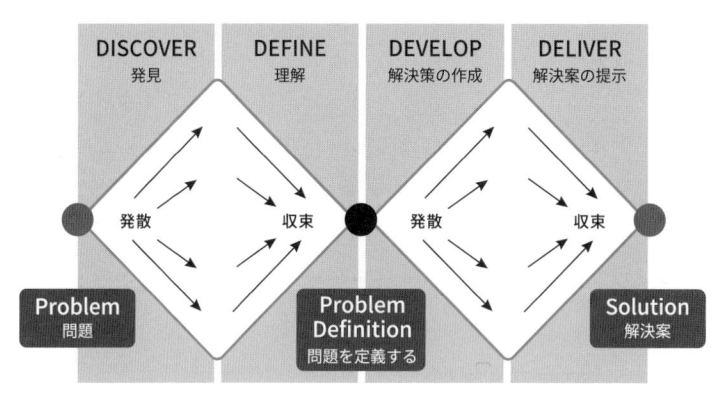

図 3-1　ダブルダイヤモンド・モデル（図 1-2 の再掲）

米国のドン・ノーマン（Donald Norman）氏は，「ダブルダイヤモンド・モデル」と「人間中心デザイン」がデザイン思考の道具であると，著書『誰のためのデザイン?』[1] の中で述べている．

　ダブルダイヤモンド・モデルにおいて，前半（図の半分から左側）は問題を特定するフェーズとしている．そして後半（図の半分から右側）は，問題の解決策を導くフェーズとしている．この2つのフェーズそれぞれで，アイディアを出し（発散し），プロトタイプを作り評価する（収束させる）というプロセスを回すことを求めている．

　ダブルダイヤモンド・モデルは，「発想とプロトタイピング」についての指針となるものである．そしてデザイン思考プロセスを導入する際にはプロセスの基本に据えなければならないものであり，活動の根幹であるとも言える．まずダブルダイヤモンド・モデルがあり，その中に具体的な活動を位置づけるのだ．そしてノーマン氏が言うとおり，「人間中心」という考え方が柱になる．つまり，土台がダブルダイヤモンド・モデルで，親柱が人間中心デザインであるような構造を持っているとも言える．

　ところで発散と収束は，ダブルダイヤモンド・モデルを持ち出すまでもなく，アイディア発想の基本となるものだ．発散しっ放し，ということはありえず，必ず収束させなければならない．

　また著者の経験であるが，アイディア発想の経験が少ない参加者が，収束すべき段階で発散させるアイディアを平気で出してしまう，というようなことが多々あった．これはダブルダイヤモンド・モデルに基づく発送会議のルールが保たれていないことの現れである．発散の手法と収束の手法は異なるため，発想すべきテーマやプロジェクトの規模やメンバーの経験値などによって，適宜適当なものを選択しなければならない．

3-3
UX デザインに求められること

次は，アイディア発想の課題として前述したものである．

顧客からの共感をいかに得るか？
競合商品やサービスに対する優位性をいかに確保するか？
過去を超えるような感動価値をどう生み出すか？
適切な開発方法は何か？
いかに素早く顧客と価値を共有するか？
顧客がどう受け止めたか？
どのような事業の修正が必要か？

これらは，商品やサービスをかたちづくる中でアイディア発想として求められるポイントであると同時に，UX デザインに求められる課題そのものである（3-1 節）．UX デザインでは，これらの課題を問いとして，それを解決するためのアイディア発想を行う．

UX デザインは経験価値を見出すものであるから，経験（コト）をうまく発想できるような手法を選択すべきである．"これが一番良い"と定まったものはなく，いくつかの条件を踏まえて発散と収束でそれぞれ最適な手法を選択すべきである．条件となるものは次のとおりである．

1. アイディア発想しようとするテーマ
2. プロジェクトの規模
3. メンバーの数
4. 開発の中でどのフェーズにいるか

1 の「アイディア発想しようとするテーマ」が条件となる理由

は，全く新たな商品が対象なのか，あるいは既存系列に沿った商品であるかという点がポイントである．前者の場合は，エクスカーション法やマンダラート法など，視野・視点を広げることを意図した手法が役立つ．後者の場合は，チェックリスト法を使ったブレインストーミングなどがよいであろう．

アイディア発想しようとするテーマが大規模システムなど規模の大きなものの場合は，まずマインドマップなどで論点を整理し発想すべき箇所を特定する．そのうえでブレインストーミングを行うようにすれば論点がずれたりせず，効果的なアイディア出しができるであろう．

プロジェクトの規模であるが，これはチーム発想への参加者とも関係する．よく大きな組織で幾度かチーム発想を行う場合に，毎回参加者が異なるという場合がある．関連組織からの代表者を組織側で選ぶことが原因である．チーム発想の場合の参加メンバーは一定であることが望ましく，毎回人が変わることなどは避けるべきである．特にユーザー経験に沿ってアイディア出しするような場合は，経験の流れ・コンテクストを理解することが重要である．その意味からも，同じメンバーが継続的に参加できることが望ましい．

ブレインストーミングの人数は，最大で18名という説もあるが [2]，参加人数は4〜6名のほうが，うまく回せるであろう．なお，参加人数ついては5-1節で詳しく解説する．

開発フェーズに関しては，発散と収束を最低2セット回してほしい．そして発想の前と後に，今どの段階なのかをチーム全員で確認する．その意味では，「統合技法」によりインプットとアウトプットを明示したうえで開始すると混乱はしない．

UX デザインとしての発散は，前述のとおり，動詞的な発想（コト発想）であるべきである．サービスであればタッチポイントのあり方などに深入りしてしまいがちであるが，タッチポイントがどうあるべきかについては後で考えるとして，まずはコト発想を貫いてほしい．

UX デザインとしての収束は，複数のアイディアを系列的に考えられる評価グリッド法を応用した手法がよいであろう（8-2 節を参照）．そして，可能な限り早い段階からプロトタイピングを行ってほしい．まだ形が見えない段階でも，「オズの魔法使い」（8-2 節）など簡易な作りでも可能なものもある．特に変更の核となる部分などは，可視化できる方法により早めにプロジェクト内でアイディアを共有したほうが，結果的にうまくいくことが多い．たとえば，プロジェクトの川上であればオズの魔法使いを用い，川下であればビデオ制作するなど，経験を臨場感豊かに伝えることが重要である．

参考文献 ほか

[1]『誰のためのデザイン？増補・改訂版』（ドン・ノーマン著，岡本明ほか訳，新曜社，2015）
[2]「8-18-1800 ルールで適切な人数を会議に呼びましょう」> https://www.lifehacker.jp/2015/08/150803_meeting_rules.html

第 **4** 章

アイディアの発散

本章では，アイディアの発想法について様々な角度から考察し，UX デザインに活用できるものを選んで解説している．章末にできる限り多くの参考情報を掲載したので，そちらもご活用いただければ幸いである．

4-1

発想の基本的なプロセス

　アイディア発想にセオリーは無いと思いがちだが，そうではない．"良いひらめき"を得るためには，要点を押さえてアイディア出しを行うことが重要だ．その要点とは，アイディア発想からいったん離れること．基本的な手順は図 4-1 のとおりである．

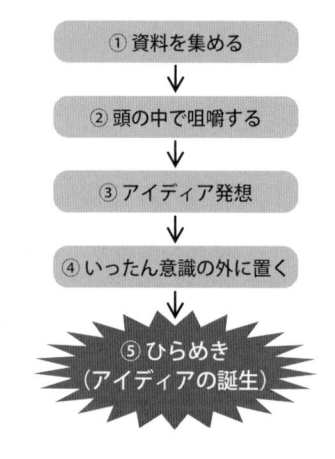

① 資料を集める
↓
② 頭の中で咀嚼する
↓
③ アイディア発想
↓
④ いったん意識の外に置く
↓
⑤ ひらめき
（アイディアの誕生）

図 4-1　アイディア発想のプロセス

　アイディア発想は，アイディア出しに必要な資料を集めることから始まり（①），これを咀嚼した後（②），アイディア発想を行う（③）．その後いったん意識の外に置くことで（④），良いアイディアがひらめく（⑤）といわれる．以降に具体的な手順に沿ってその要点を解説する．

①　資料を集める

　アイディア出しの資料としては，仕事に直接関連したものと，多様な一般的な知識とがある．仕事に直接関連した資料には次のようなものがある．

アイディア発想に必要な資料 1：

・製品サービスに関する研究レポート

・製品サービス事例（リーフレットやウェブサイト情報）

・販売レポート

・観客の声

・ターゲットとする人々の属性や行動についてのレポート

・ペルソナができている場合は ペルソナ情報

・競合情報

・社会動向・技術動向，etc

　これらの情報を，余すことなく収集しておく必要がある．

　多様な一般的な知識の中には，幅の広い興味に基づく情報もある．たとえば次のようなものである．

アイディア発想に必要な資料 2：

1．エジプトの埋葬習慣

2．中国の水道事情

3．モダンアートの動向

4．SF 映画に見られる未来のインタフェース，etc.

　1 と 2 は，関心のあるティップス（Tips）ということであり，上記はあくまでも例である．他にも様々な情報が考えられるであろう．メンバーの関心に応じて集めれば，チームの個性ともなりえる．著者の書『実践 UX デザイン』にも様々な Tips を書いており，糸口としては参考になるであろう．

　4 については，モダンアートに限らず，古典でも抽象のアートでもかまわない．アーティスティックなエッセンスが含まれたアイディアはおもしろいものだ．これもチームの個性ともなりうる．

　5 については，書籍『SF 映画で学ぶインタフェースデザイン　アイディアと想像力を鍛え上げるための 141 のレッスン』[1]が大変参考になる．自分の好みのSF映画などを参考にしても良い．

要は，新たな観点を得るために役立つ情報であり，その収集を参加者の宿題として，チーム発想の前に共有したうえでブレインストーミングに臨むようにするとよい．

　これらのデータを基に生まれたアイディアは根拠がしっかりしているし，アイディアを提案するうえで，説明や説得もしやすくなる．また，発想が個性的になる．これは利点である．

　資料はチーム発想を行うメンバーが分担して事前に収集して，ファイルサーバーなど資料を共有できる場所に格納する．チーム発想の参加者は，その資料をブレインストーミングまでに読んでおくようにする（図4-2参照）．

　チーム発想を効果的効率的に行う意味からも，ブレインストーミングで集まったときに初めて目にするような状況は避けたい．事前共有が間に合わなかったときは，収集した者が情報の要点を口頭で伝えるようにする．

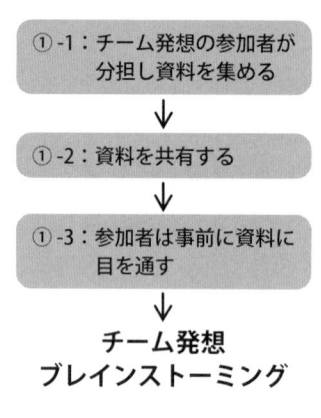

図4-2　チーム発想の事前準備

　なお，ブレインストーミングの前に用意しておくべきものを一応あげておく．特に，ブレインストーミングのテーマを外さないように，テーマを大きく書いた用紙を貼り出しておくとよい．投票用の付箋紙はアイディアの投票用に使用するので，ドット型のほうが使いやすいであろう．

ブレインストーミングの準備：

・周辺情報（①の資料に該当）

・付箋紙（必要に応じて使用する．アイディアシートに張
　り込むこともある）

・アイディアシート（アイディア記録用にテンプレートを
　作成する）

・テーマ（大きな紙で出力し，壁に貼る）

・投票用の小さな付箋紙（2〜4色）

　ネーミングのアイディア出しや課題の整理などを行う場合は付箋紙だけでもよいが，形態や仕組みのアイディア，インタラクションを含むアイディアを出す場合は，アイディア記入用のシートを用意するとよい（図 4-3 参照）．もしアイディアの分類方法が決まっている場合には，分類の項目をあげておいて，丸で囲うようにする．後日，知財化などを行うことなども考えると，発案者の名前と発案日は記録しておいたほうがよい．後で問い合わせを受けた場合に発案者の名前がわからないことは致命的である．

　アイディア発想のテーマは発送会議を行っている間終始忘れないように，大きな紙（少なくとも A3 サイズ程度）に表示して，壁などに貼り出しておく．

タイトル（アイディア名称）	発案日
	発案者
	分野
	カテゴリー
	使用技術

図 4-3　アイディアシートの例

② 咀嚼する

資料はさまざまな角度で検討し，新しい糸口を探すことに役立てる．チーム内でディスカッションしながら資料を咀嚼するのもよいことである．ただし，先にも述べたように，会合で初めて見る状態だと，ブレインストーミングの時間がそれだけで終わってしまうという本末転倒なことにもなる．ブレインストーミングでは要点の確認だけにする．

咀嚼する過程で良いアイディアが思いついたら，忘れずにメモに残す．アイディア出しは資料を見た時から既に始まっているのだ．

③ アイディア発想

本格的なアイディア発想フェーズである．発想法を活用しながら，様々なアイディアをランダムに発散させる．いったん収束させ，絞り込んでみることも有効である．そのうえで再度発散させる．このインターバルは，ポモドーロ法（5-1 節参照）を活用すると良い．

アイディア発想を始めるにあたり，頭をクリエイティブな状態にするためのトレーニングを行うことを推奨する．「エナジェイザー」とも言う（5-2 節参照）．ブレインライティングなどを活用するとよいであろう．

冒頭で以上のようなトレーニングを行った後に，本格的なアイディア発想を開始する．ファシリテーターの裁量にもよるが，アナロジー思考でテーマを抽象化してみてもよいし（P60），欠点列挙法により改めて欠点を確認する中で糸口を見つけてもよい（P56）．あるいは，人と技術（モノ）の相互の視点を変えてサブテーマを見つけてもよい（P59）．テーマをダイレクトに受けて動詞展開することなども有効である（P64）．

④ いったん意識の外に置く

アイディア発想の過程で，いったん意識の外に置くことが重要

であることは意外に知られていない．一度考えることをやめて，まったく違うことをする．たとえば，ワクワクするようなアクティビティを楽しんだり，好きな音楽を聞いたり，散策したり，あるいは映画を観たりするようなことである．自分の想像力や感情・感性を刺激してくれるものに触れることがポイントである．

刺激を与えることで化学反応が起こり，頭の中でアイディアが生成される．

終日アイディア発想を行うような場合，ファシリテーターは，一通りアイディアが出た段階で頃合いをみはかり，15〜20分程度の休憩を取るようにする．その間自由行動とし，散歩をする，体操をする（体を動かすのは良いことである），雑誌などを見るなど，おのおの時間を過ごす．禁則事項は，テーマを忘れること，アイディアを考えないことである．とにかく違うことをする．違うことをすることで突然ひらめくことはよくあるので，そのような場合は，席に戻ってひらめいたアイディアをメモしてもよいことにする．

気分転換をするという意味では，できれば普段のオフィスを離れて，自然に触れることのできる場所や公園，ショッピングモールのそばなど，ブレインストーミングの場所自体を工夫するとよい．著者の経験では，横浜にある「港の見える丘公園」内の貸会議室とか，小学校の廃校を利用した会議室などは良い場所であった．他にもコストは少々かかるが，六本木や銀座など都心の繁華街にある貸会議室を借りてもよいであろう．

⑤　アイディアの誕生

これらの過程を経たうえで，アイディアは突然ひらめく．常に頭の片すみで考えていることで，それは確実に整理されていく．チキンラーメンを発明した安藤百福氏は「ひらめきは執念から生まれる」と言っている．良いひらめきは生みの苦しみを伴うもの

である.

　ひらめくことをセレンディピティ（serendipity）というが，ヴィルヘルム・レントゲン（Wilhelm Röntgen）氏による X 線の発見や，アルフレッド・ノーベル（Alfred Nobel）氏によるダイナマイトの発明などが有名である［2］.

　とにかく“良いひらめき”は，考えに考え，さらに考えぬくことがなければ得られない．考えぬいたうえで一息ぬくとか気分転換などすることで，突然訪れるものなのだ.

　このように，良いアイディアの誕生には，産みの苦しみを伴う．常に考えていると，突然ひらめくこともあるので，1 度のブレインストーミングで良いアイディアを得ようなどと欲張らず，③のアイディア発想を数日間行うことにして間に 1 ～ 2 日発想しない日を設けるなど，④の「意識外に置く」ことを意識的にうまく取り入れるとよい．つまり，1 回目の③→④→ 2 回目の③，というような具合である．この「2 回目の③」の後に⑤があると考えるほうがよいのである.

4-2
さまざまなアプローチ

　発想のアプローチは，問題解決型アプローチと提案型アプローチの二つに大別される．ただし，問題の全体像が把握できた以降はどちらも共通の手順を踏むので，着眼点の違いとも言える.

■問題解決型アプローチ
　問題解決型のアプローチは，現状の問題に対してその状況を把握することから始める．状況を把握したら，その中から問題を発見・特定し分析する．問題とは，何か実際に良くない状況に陥っ

ていること（事実）を指す．懸念があるだけでは問題ではないので，取り違えないようにしてほしい．たとえば，KJ法で問題を整理して本質的な問題を特定したり，評価グリッド法で事象に対する心理的な価値と要素的な価値を整理把握したり，という具合である．分析・解析の結果として問題の全体像を把握することが目的である．

　問題が確認できたら，その問題を解消するために取り組むべき課題（変更箇所など）を明確にする．この場合の課題こそが，アイディア発想すべきテーマとなる．なお，課題の発見は，気づきによるところが大きい [3]．

■提案型アプローチ

　提案型アプローチは，生活の中で見出される気づきを得ることから始める．この気づきにより新たな観点を得て提案をまとめる．提案はその有用性を検証する過程で問題の全体像を議論することもできるし，デザイン解として発想をまとめることもできる．破壊的イノベーションを目指す場合には提案型アプローチをとることが非常に大事である．

　変化している世の中でビジネスの目標設定などを行う際の思考方法として，未来を起点に発想するバックキャスティン法，また現在を起点に発想するフォアキャスティング法がある．成りたい未来の自分の姿を描き，それに向かって必要な能力・スキルの獲得を目指すキャリア・バックキャスティングなどは大変興味深いものである．

　また，別の視点としては，人やモノや技術などから発想することもできる．

　発想法には人や，モノや技術を起点にすることもある．これらを起点に，気づきを得たりアイディア出ししたりする．それぞれに客観的なアプローチと主観的なアプローチがある．（図 4-4 で解説）

　たとえば，客観的に人へ着目するならばペルソナ法やシナリオ

法を使用する．また主観的に人へ着目するならば，観察やインタビューを行う．また客観的にモノや技術から着目するならば，技術ロードマップや商品ヒストリーなどを参考にするとよい．主観的にモノや技術から着目するならば，技術トレンドを分析したり，道具への興味などから技術の応用を検討したりする．

映像機器を例に取るならば，写真を撮る人をシナリオで考えるのは人から客観的に発想することになるし，"より良い写真の撮り方・楽しみ方"を考えるのは，人から主観的に発想することになる．また，"撮影技術の進化・写真機の変遷"などを基に発想するのは，モノや技術から客観的に発想することだし，"画像取得 / 加工技術の応用・発展"などを考えるのはモノや技術から主観的に発想することになる．

■欠点列挙法，希望点列挙法，属性（特性）列挙法

欠点列挙法とは，欠点などのマイナス点に着目して問題点や欠点を列挙し，それを解消するアイディアを発想展開する方法である．解消したい点（欠点，問題点）に注力することから，効率的な発想法であるといえる．具体的な手段として，問題点の場合は特性要因図で要因分析を行ってもよいであろう．主要な要因が分かれば，より効果的なアイディア出しができる．欠点の場合は，マインドマップで欠点の構造を整理すると抜けや漏れがなく，全体像をふまえた議論ができる．

一方で，要因分析や欠点の構造理解など分析的なアプローチをとると発散にブレーキをかけてしまう点には注意が必要である．発散段階か収束段階であるかを意識しながら，発散段階ではあえて分析的なアプローチを採用せず，自由に解消方法を議論してみるのもよいであろう．

分析的なアプローチを要するものは，安心安全などの事項である．濱口哲也氏の「失敗学」にも通じるものであり，例えば，遊具事故を受けて遊具の改良を課題としたような場合が該当し，このような場合は事故の要因分析をしっかりやらなければならな

い．

　平たく言えば，分析的なアプローチを得意とする組織においては，自由にアイディアを出し合う方法を取り入れてみるのはよいことである．あまり型にはめずに，突飛なアイディを歓迎しつつ発散するのは，アイディア発想としては大事なことである．

　反対に，分析的なアプローチに不得手な組織では，QC7つ道具やマインドマップをツールとして活用してみる．分析的なアプローチにチャレンジすることで，論理的な思考や普段とは違った視点を得られるであろう．

　希望点列挙法とは，「こうあればよい」というような希望点に着目して，改善点を発想していくものである．現状にとらわれずに希望点を掘り下げられれば，それはイノベイティブなアプローチであるともいえる．現状に即したものであっても，希望点を列挙し整理していくことで，今までに無い機能や使い方の提案に結びつけることができる．

　その場合でも，収束の段階においては，技術的な可能性やビジネスとしての意義があるかどうかについては，しっかり判断すべきである．

　属性列挙法は，米国ネブラスカ大学のロバート・クロウフォード（Robert Crawford）氏が 1930 年代に開発したアイディア発想法で，名詞的属性，形容詞的属性，動詞的属性の 3 要素がある．この中でも動詞的属性による場合は，メカニズムや機能的特徴など，動詞的に表現される特性に基づいて発想していく方法である．この手法は，新商品開発や商品の改善・新商品の市場導入・販路の企画など，モノを取り扱う企画の場合に使いやすいとされている．一応 3 つの属性をあげておく．

　属性列挙法の種類：
　・名詞的属性：材料・製法・商品パーツなど，名詞で表現さ

れる特性
- 形容詞的属性：色・性質・形・デザインなど，形容詞で表現される特性
- 動詞的属性：メカニズム・機能的特徴など，動詞的に表現される特性

列挙する方法を動詞的属性の場合を例に説明する．

動詞的属性を用いた手順：
1. 課題と解決目標を設定する
  （例：「後継車種のコストを下げる」）
2. 考えられる全ての「属性」を動詞的に列挙する
  （例：小さくする，廃材を利用する，軽くする）
3. 属性の1つひとつについて，課題の目標に適合するようにアイディアを考える
  （例：車内のインテリアにリサイクル材を使用する）

　属性列挙法は，マーチャンダイジング（商品政策，商品化計画）分野でも用いられている．元々，英語の Merchandise に「取引きする」「商う」「販売を促進する」という動詞の意味があることから，動詞的な発想に親和性があるのであろう．
　新しいサービスのアイディアを考える場合などにも手軽な方法である．たとえば「楽しい生活」という経験を考える場合に，「旅行へ行く」「音楽を聴く」など最後が「〇〇する」という動詞で終わるようなアイディアを 10 個あげる．次にその中から 1 つを選び，さらに具体的なアイディアを盛り込んで 10 個あげる，という具合にアイディアを広げていくのである．たとえば「旅行へ」を展開する場合，旅行へ行く"行き方"，楽しみ方を加味して，「ヒッチハイクをする」「青春 18 切符を使った列車の旅をする」というように，生活を豊かにする具体的なアイディアを展開するのである．

■人と技術（モノ）の視点

　「人」と「技術（モノ）」の2つの視点は，アイディアを深掘りするための重要な要素である．この2つの視点から発想を試みる（図4-4）．

　人の視点から発想するためには，まず人を知らなければならない．テーマとなる商品（モノやサービス）を主に利用するユーザー（代表ユーザー）のプロフィールや目的や価値観を概観したもの

		デザイン対象物を使用する人の人物像を客観的に可視化して，その人の目的や価値観を考慮しつつアイディアを発想する．
人から客観的に発想する	➡ 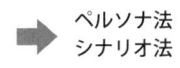ペルソナ法　シナリオ法	
人からの発想（人を知る）		
人から主観的に発想する	➡ 観察　フィールドワーク　インタビュー	対象となる人を自然なかたちで観察したりインタビューをする中から主観的な気づきを得て，その気づきを基にアイディアを発想する．
技術やモノから客観的に発想する	➡ 技術ロードマップ　商品ヒストリー　道具年表	道具や商品や技術の過去からこれからのあり方を予測して，方向性を可視化し，それを基にアイディアを発想する．
技術やモノからの発想（技術／モノを知る）		
技術やモノから主観的に発想する	➡ 技術活用の検討　技術要素の応用　道具年表	道具や商品や技術などのモノに関することで気づきを得て，アイディアを展開する．

図 4-4　発想における人と技術（モノ）の視点

を「ペルソナ」というが，このペルソナを作ることで，代表ユーザーを知ることができる．

　代表ユーザーの人物像を客観的に可視化して，その人の目的や価値観を考慮しつつアイディアを発想するのである．また，代表ユーザーの"ある1日"のストーリーを書き出してみて，その行動を客観化してみるのも有効である．これらは人を視点とした客観的な視点である．

また，観察やインタビューをすることも有効である．フィールドワークを通じて，代表ユーザーを自然な方法で観察したりインタビューしたりする中から，主観的な気づきを得て，その気づきを基にアイディアを発想するこれは人を視点とした主観的な視点である．

　技術（モノ）の視点から発想するためには，「技術ロードマップ」や「商品年鑑」のような時系列でまとめられた資料を参考にする．製品技術や製品サービスなどの経緯から今後のあり方を予測して方向性を考察し，アイディアを発想する．また，活用できそうな技術や要素技術（サービスやシステム全体に対して部分をつかさどる技術）などに着目して検討し，技術やモノに関する気づきを得てアイディアに結びつける．

　たとえば，新たな「カメラアプリケーション」を開発しようとするとき，まず「写真を撮る人（＝アプリケーションを使う人）」を知る必要がある．つまり代表ユーザーである[4]．代表ユーザーはペルソナで明確にし，その人物像，特に価値観やゴールを知るのである．また，このユーザーに近い人たちにインタビューし，"より良い写真の撮り方や楽しみ方は何か"を探るのである．この活動を通じて「新たなライフスタイル」の気づきを得て，アイディアを発想する．気づきを主体にするということは，主観的なアプローチであるとも言える．

■アナロジー思考とフレームワーク思考
　アナロジーとは日本語では「類推」のことである．アナロジー思考とは，物事を抽象化して捉える思考方法のことである．たとえばスピッツもダックスフンドも犬であるから，「犬」という抽象的な表現が可能である．犬の種類が分からなくても，「ペットの犬」と言えば，概ね話は伝わる．ペットである犬については，誰でもだいたい同じような印象を持っているからである．

ところが，犬だけでなく，猫やワニも含めて「4つ足動物」という表現をしたとすると，「4つ足動物のペット」と言っても広すぎて，どんなものかイメージはわかないであろう．このように，アナロジー思考は事物の理解に役立つ反面，抽象的すぎるとかえって分かり難くなる危険を伴う．

　とは言え，アナロジー思考は概念を共有するのに大変便利である．アナロジー思考を発想の道具に用いる場合は，たとえば「スピッツ」を「ペットの犬」というふうにいったん抽象化し，そのうえで他の「ペット」を探す，というように連想記憶を活用する．アイディア発想時に自分が知っている他の物事を引合いに出して（類推して）考える思考法である．

　フレームワーク思考とは，思考を助けるツールとしてある種の箱のようなもの（フレーム）を想定して，整理したり分類したりする（フレームワーク）思考法である．フレームワーク思考をアイディア発想に利用するのは，フレームワークの際に，今まで気がついていなかった新たな糸口を発見したり，整理することで頭の中をスッキリさせたりする効果を期待するからである．

　フレームワークは，テンプレートとなる既存のフレームを基に，物事を整理する．フレームは，課題の発見から戦略立案まで，ビジネスの様々な目的に応じたテンプレートが存在するが [5]，アイディア発想に利用することを想定した場合は，次のようなものであろう．

　　フレームワーク思考の代表例：
　　・6W1H
　　・ビジネスモデルキャンバス
　　・AIDMA
　　・AISAS

　「6W1H」はアイディアの収束法の1つとして 8-2 節で詳しく

解説している．顧客の経験を，When，Where，Who，Whom，Why，What，How の切り口で整理するものである．フレームワークで得られたアイディアをこの 6W1H に当てはめて整理すれば，体験するシーンの概要を表現できる．

　「ビジネスモデルキャンバス」は新規サービス構想を描く際のツールとして大変便利であり（図 4-5 参照），ビジネス起案に必要な要素に分解してアイディアを発想できる．新しいサービスを新規事業として立ち上げるような場合は，このテンプレートに沿ってビジネスモデルを描けば，サービス（ビジネス）に関わる人全てで，そのサービス（ビジネス）の狙いや構造を共有することができる．

パートナー	主要活動	価値提案 チャネル	観客との関係	顧客セグメント
	リソース		チャネル	
コスト構造		収益の流れ		

図 4-5　フレーム「ビジネスモデルキャンバス」のテンプレート

　「AIDMA」は，Attention（注意）Interest（関心）Desire（欲求）Memory（記憶）Action（行動）の頭文字を意味し，顧客の購買心理をモデル化したものである．顧客の心理状態に応じてどのようなアプローチを行うか，などを発想する際に有効である．

　「AISAS」は，Attention（注意，注意喚起，あるいは認知）Interest（興味，関心）Search（検索）Action（行動）Share（シェア）の頭文字を意味している．

　この AIDMA や AISAS は，「行動」の部分を「商品の購入（サー

ビスの利用）」と捉えて元々はマーケティングから生まれたモデルであるが，経験の前半に対する検討に当てはめ，実施案を発想するような場合には便利なツールである．

■ニーズ起点発想とシーズ起点発想

ニーズ（Needs）とシーズ（Seeds）という言葉は，マーケティングの世界から普及した言葉である．ニーズの意味するところは，顧客が求めていることであり需要であり，実際に存在するもの（商品，あるいは商品の機能など）である場合が多い．シーズとは，企業が持っている新しい技術や材料やサービスのことである．

ニーズに対してウォンツ（Wants）とは，顕在化していない消費者の欲求のことであり「潜在的なニーズ」とも言う．ウォンツは顕在化していないから，能動的に知る必要がある．このためにはエスノグラフィー手法などを用いる必要がある．「エスノグラフィー」はユーザーを注意深く観察したり話を聞いたりしながら潜在的な欲求を読み解く手法であり，文化人類学の民族誌に端を発している．注意深くという意味が，聞いたことを鵜呑みにして表層的にとらえない，などの教訓を含んでいる．つまり心理学的な視点が欠かせない．

過去に「顧客訪問」と言う調査が盛んに行われた．これは，プロジェクトメンバー，特に開発担当者がマーケティング担当者に同行して顧客を周り，使用実感などの形式的な質問を行うものであった．購入ユーザーと営業パーソンという関係から潜在的な欲求が引き出しにくかったり，開発者が自分に都合の良いことだけをピックアップしたりするなど，「ユーザー視点」というよりも，極めて「開発者視点」と言わざるをえないものであった．昨今では，このような“都合の良い実態把握”ではなく，ユーザーが言葉にできない潜在的な要望や想いなどを知る者として，エスノグラフィー手法が見直されている．

このような問題ははらんでいるが，顧客のニーズを起点とした発想自体が否定されるものではない．反対に，ニーズを無視した

開発は戒められるべきであり，ニーズに真摯に応える姿勢は重要である．

　ニーズを確認した場合は，なぜそのようなニーズが生まれてくるのか，その要因を分析することが重要である．この分析には，「マインドマップ手法」や「特性要因図」を活用する．特性要因図は，要因分析の手法としてビジネスシーンで普及しているものである[6]．

　分析として行うマインドマップ手法であるが，顕在化したニーズを命題として，なぜそのニーズが形成されたのか，背景やきっかけなどのユーザマインドを洗い出してまとめるのである．この過程でニーズに応える商品や追加すべき機能や提供方法のアイディアなどが発見できる．

　シーズ起点の発想とは，シーズが“自社が持っている新しい技術や材料やサービス”のことであるので，前項の「技術（モノ）視点の発想」に含まれる．広い意味での「技術（モノ）」の内，自社は保有する技術（要素技術，応用技術，商品化した技術など）にしぼり，発想の起点とするものである．たとえば，カメラメーカーであれば，画像処理技術などが該当し，この画像処理技術の応用をテーマ化して発想することを指す．

　ただし，シーズだけで発想を行うのは容易ではなく，後述する「エクスカーション法」や「チェックリスト法」や「クロスビー法」などを組み合わせて行うとよい．

　もう1つ発想を促す方法として，「動詞展開法」と「副詞展開法」がある．動詞展開法とは，たとえば「画像処理技術（技術名をAsahi とする）」であれば，「Asahi を使って食べる」「Asahi を使って仕事をする」など，動詞で展開する方法である（p.14 を参照）．

　　動詞展開の例（技術名を Asahi とする）：
　　1．Asahi を使って食べる．
　　2．Asahi を使って仕事をする．

3．Asahi で人と繋がる．

4．Asahi で ....etc.

　これだけでは豊かな発想とは言えないので，さらなる展開を行う．次の展開も動詞的なアプローチである．たとえば，1 の「Asahiを使って食べる」から，「Asahi で体に良い食品を選別する」「Asahiで冷蔵庫の中にあるものを調べる」「Asahi で生産履歴を調べる」など，発想を豊かに展開していくのである．

　一方「副詞展開法」であるが，これは「～のように」という副詞的な解釈も組み込むということである．この展開法で先の「Asahi で人と繋がる」を展開してみると次のようになるであろう．

　　副詞展開の例：

1．Asahi で動きを読み取りながら 人と繋がる．

2．Asahi と LED で情報をやり取りする．

3．Asahi で人の行動を観察する．

4．Asahi で人の動きを監視する．

5．Asahi で ....etc.

　この動詞展開，副詞展開に比べて名詞展開がある．過去の，モノを追求する時代には，「くつろぐ椅子」とか「使い捨てカメラ」のように，名詞（この場合，椅子やカメラ）で展開していく方法が一般的であった．しかし，既にモノからコトの時代を経て，現在はモノだけでは存在が難しく，コトの中にモノが含まれてしまっている時代である．動詞展開は「～する」でありコトそのものを指すため，今の経験時代に合致した発想法であると言える[7]．この動詞展開に副詞展開を組み合わせれば，さらに豊かな発想となるであろう．

■仮説検証型の発想

　仮説検証とは，ある課題についてその真因（真の要因）や解決策の仮説を立て，関連データを分析したり市場調査したりしながら検証し，真因や解決策を確定することである．この仮説検証を柱とした発想は，次の2つの観点においてアイディアを発想する．

　　仮説検証の観点：
　　・仮説探索段階の発想
　　・仮説検証過程で行う発想

　1つ目の「仮説探索段階の発想」とは，仮説を立てる段階において，その仮説自体にアイディアを求めるものであり，「仮説探索」と言われる．仮説は，顧客からのフィードバック（アンケートやクレーム電話など）の中にヒントが隠れている場合が多い．発想の資料として注意深く読み込むと，良い仮説が得られる．またユーザーの現場で観察しインタビューを行う「エスノグラフィー」は，まさに仮説を探索する調査である [8]．

　2つ目の「仮説検証過程で行う発想」とは，実験や調査やプロトタイピングで仮説を検証する過程で行う発想を指している．直接的には，実験や調査やプロトタイピングの過程で，有効な解釈としての発想がある（第2章参照）．間接的には，実験や調査やプロトタイピングの行為において様々な新しいアイディアがひらめくことがある．この場合は，意図した発想ではないが，難局を打破するブレイクスルーである場合もあるので，アドホックな記録方法などは，あらかじめ決めておいたほうがよいであろう．

4-3
強制発想法

　発想はアイディアの数を問題にし，量が多いほうがよいとされている．本当に良いアイディアを得るには生みの苦しみというものがあり，簡単に出るものではないからである．出つくしてもまだ出そうとする努力の末に，偶然見つかる場合が多い．

　数を出そうとする場合には，自分の頭の中で考えるだけでなく，発想を支援するような工夫を使い，ある程度強制的に発想するのは良い方法である．ここでは，代表的な強制発想法として，「マンダラート法」「クリエイティブ・マトリクス」「はちのすノート」「クロスビー法」「PMI法」「シックス・ハット法」「エクスカーション」の7種類を詳しく解説する．

　これらは，個人で発想する場でもチーム発想の場合でも，どちらでも使用できる．

■マンダラート法
　この方法は，デザイナーの今泉浩晃氏によって考案された発想法である．あらかじめ用意した用紙の中央に発想テーマを書き，これに関連した8つのカテゴリーを周辺に配置する．たとえば「新しい傘」を考えるときには，周囲に「取手」「カラーリング」「素材」「重さ」「強度」「価格」「たたみ方」「他の用途」などとなる．

　8つのカテゴリーはテーマによって変わるため，あらかじめテーマの背景や細部を検討分析し整理したうえで選択する必要がある．たとえば，傘の例で言えば，女性を代表ユーザーとする場合は，「色彩」や「柄」などが入るほうがよいであろう．その場合は，「価格」などと入れ替えるなど，カテゴリーの選択が発想の方向性を左右する．事前の分析やカテゴリー選択などが必要なため，事前準備に負担はある．またカテゴリーによっては，発散に貢献しない場合も出てくる．面白いだけで豊かにかける場合も

あるであろう．できれば，経験者の進行にしたがって準備し，カテゴリーを選ぶほうが賢明であろう．マンダラート法の一例は図4-6のとおりである．

他の用途	取手	カラーリング
たたみ方	新しい傘	素材
価格	強度	重さ

図4-6　マンダラート法の例

■**クリエイティブ・マトリクス**

クリエイティブ・マトリクスは，縦横に重要な質問事項を配置し，その交差したところにアイディアを出していく強制発想法の一種である．縦軸はペルソナ，セグメント，テクノロジー，サービス，イベント，環境など，人に関係したものとする．横軸は解決すべき課題とする．

強制の方法としては，「制限時間10分」など発想する時間に

	課題1	課題2	課題3
プログラム、サービス			
パートナーシップ			
ゲーミング,イベント,競合			
技術			
ワイルドカード（その他）			

図4-7　クリエイティブ・マトリックスの例

制限を設ける場合もある．クリエイティブ・マトリックスの一例は図 4-7 の通りである．

■はちのすノート

はちのすノートとは，連想を繰り返して自由に発想の広がりを得ていくような発想法であり，石井力重氏が PHP 研究所の『THE21』で発表したものである [9]．発想のテーマが中央にあり，周囲にアイディアを配置していく様はマンダラート法に似ていなくもない．ところが，マンダラート法が周囲に 8 つとアイディア数が規定されているのに対して，はちのすノートは，自由で良いことになっている．

蜂の巣のように周囲に 6 つのマスがあるが，これにこだわる必要はない．全て埋めていくよりむしろ，出したアイディアから連想し，さらにアイディアを発散していくこともよいとしている．空いているマスは無視して連想を進め，後でひらめいたら埋める，というやり方でどんどんアイディアを出していく [10]．

大変フレキシブルな発想支援ノートであるが，マンダラート法と同様，連想が頼りであるため，少々コツを要する．クリエイティブ脳にして連想記憶を刺激するようなトレーニングが必要であろう（6-1 節参照）．

■クロスビー法

XB 法とは，デザイン会社の U'eyes Design 社が開発したもので，感動をキーワード化して取り入れる仕組みを持った発想法である．感動語を組み合わせることで，嬉しい・楽しい経験の発想を導こうとするものである．eXperience の「X」と Brainstorming の頭文字をとって，XB 法（クロスビー法）という．

感動語であるが，400 あまりの感動体験のエピソードを基に「感動ソース」を抽出し，キーワード化している．このキーワードを言い換えたり，掛け合わせたりしながら，発想を繰り返していくのである．そのステップは次のとおりである．

XB 法の手順：

1. "感動のキーワード" を言い換える．
2. 言葉を掛け合わせる．
3. アイディアを展開する．

1 は，「価値観」「対象」「体験」の 3 つの切り口において，それぞれ 3 つ拡張し言い換える．たとえば，「偶然出会う」という体験については，「ターミナルで出会う」「旅先で出会う」というふうに具体的に言い換える．このあたりは，1-4 節で述べた副詞的展開である．

2 は，1 の「価値観」「対象」「体験」をそれぞれ掛け合わせるのである．掛合せの結果，3 として，シナリオを持ったアイディアを生み出していく [11]．

XB 法は，感動語をダイレクトに扱うことから，感動的で素敵な経験を生み出しやすいと言える．生み出したシナリオを 6W1H 法などで整理していけば，さらに充実したシナリオが完成するであろう．

■ PMI 法

PMI は，プラス（Plus），マイナス（Minus），インタレスティング（Interesting）の頭文字である．PMI 法とは，アイディアを，「良い点」「悪い点」「興味深い点」の 3 点で分類しながら発想する方法である．良い・悪いだけに目を向けるのではなく，興味があるという抽象的な価値も尊重しながら，3 つの分類に沿ってアイディア出しするのである．

アイディア出しする手法はブレインストーミングだが，良い点・悪い点・興味ある点に分離しながら，発想を進めていく．悪い点は「懸念点」などとなるが，その場合は，改善点や軌道修正するアイディアを同時に出してもよいであろう（欠点列挙法および希望点列挙法を参照）．

PMI 法も，マインドマップ法同様，抜け漏れは生じることは否

めないため，タスク後の再整理は必要となる．

■シックス・ハット法

シックス・ハット法は，マルタの医師・心理学者・発明家のエドワード・デボノ（Edward de Bono）氏により発案された強制発想法で，「平行思考」という思考法を利用したものである．

シックス・ハットは6つの帽子を表した言葉で，その帽子になぞらえて，6つの平行する視点を設けている．帽子と視点の関係は次の通りである [12]．

シックス・ハット法の視点：
- 白い帽子：客観的な視点
- 黒い帽子：消極的な視点
- 青い帽子：分析的な視点
- 赤い帽子：感情的な視点
- 黄色い帽子：積極的な視点
- 緑の帽子：革新的な視点

白い帽子の客観的な視点とは「事実・公平」ということである．黒い帽子の消極的とは「否定・悲観」ということである．青い帽子の分析的とは「俯瞰・統括」ということである．

これら6つの視点の下で強制的にアイディアを出していくのだ。

■エクスカーション法

エクスカーション（Excursion）とは，" 旅行の主要経路から外れる " ことを意味する．この意味を転じて，発想者の連想記憶 [13] を刺激して，連想するためのキーワードとテーマを掛け合わせてアイディア発想の方法を提供する．

エクスカーションには，「動物」「職業」「場所」の3つの種類があるとされている [14]．例えば，新しい傘をテーマとした場

合に，サルという動物から「サルは木に登る」「サルは毛づくろいする」などの生態を掛け合わせて，「木登りに使える傘」とか「毛がフサフサした傘」のようにアイディアを発散する手法が「エクスカーション」である．

　エクスカーションは，やり方によっては脳を柔軟にし，発想に活気を与えることができる．アイディア数を確保したいときには有効な手法であろう．ただし，アイディアに根拠があるわけではないので，収束の段階で他のアイディアと整理統合するなど，あくまでも途中段階の発散方法の1つとして考えるほうが無難である．

■インプット・アウトプット法
　インプット・アウトプット法は，米GE社がオートマチックシステムの設計アイディアを求めるために考案した方法である．日本では「入出法」，米国では「ゴーストップ法」とも言う．手法としては，入から出へと，発散と収束を繰り返して，強制的にアイディア発想するのである．

　インプット・アウトプット法は次のような手順で行う．

　　インプット・アウトプット法の手順：
　　1．テーマを決める．
　　2．入（インプット）を設定する．
　　3．出（アウトプット）を設定する．
　　4．制限条件を決める．
　　5．アイディア発想を行う．

　インプットからアウトプットまで，順を追って検討できるため，プロセスの改善を行うときには便利な方法である．経験価値へ置き換える際には，インプットを商品の購入（サービスの利用開始），アウトプットを使用（利用）の終了と置き換えれば，経験の流れ

を追いながら発想することもできる．この場合は，エクスペリエンスマップなどを用いながら，その点検も兼ねて行うとよいであろう．

4-4
類比発想法

　類比発想法は，アイディアの類似性に着目し，類似しているものや強制的な関連づけなどの方法で，アイディアの広がりを得ようとする手法である．たとえば，ダイニングチェアのアイディア発想を行う場合，まずダイニングチェアと同じように短時間座る機能を持った椅子を考える．その中で「丸太のベンチ」というアイディアが出てきたら，そのベンチをヒントとして新しいダイニングチェアに戻って再度アイディア発想を行い，結果として「切り株のようなダイニングチェア」が導き出される，といった具合に発想していく．

　類似発想法には，「ゴードン法」「シネクティクス法」「NM 法」などがあるが，以下に詳しく解説する．

■ゴードン法
　ゴードン法は，アメリカの製品開発専門家であるウィリアム・ゴードン（Willian J. Gordon）氏が開発した技法である［15］.
　まず，ファシリテーターは真のテーマを伏せておき，より根源的なテーマを提示する．参加メンバーは，このテーマでアイディア出しを行い，次に，生み出されたアイディアを基に真のテーマによるアイディア出しを行うというものである．与えられたテーマに対して自由に発想できるので，参加メンバーにとってゴードン法は自由連想法と言える．

ゴードン法の手順は次のようなものである.

ゴードン法の手順：
1. アイディア発想のテーマを決定する.
　（1）真のテーマ：ダイニングチェア.
　（2）参加メンバーへ提示するテーマ＝根源的なテーマ：
　　　　短時間手軽に座る座り方.
2. 1回目のアイディア発想.
　（1）ファシリテーターがテーマを提示（短時間手軽に座る
　　　　座り方）.
　（2）参加メンバーがアイディア出しする（ファシリテー
　　　　ターは多角度な発想を援助する）その結果,「ダンボー
　　　　ルに座る」というアイディアが出された）.
　（3）ブレインストーミングの後半に, ファシリテーターは
　　　　真のテーマを提示する.
3. 2回目のアイディア発想.
　（1）真のテーマに,1回目のアイディア発想で出たアイディ
　　　　アを関連づけ,解決策を考える（たとえば「ダンボー
　　　　ルに座る」というアイディアから「ダンボール製で,
　　　　使用しないときはしまえるダイニングチェア」が導き
　　　　だされた）.

　メンバーから出されたアイディアのポイントを真のテーマに結
びつける必要があるため, ファシリテーターには相応の洞察力や
アイディア発想の経験を要求される. これは, 第2章の「解釈
としての発想」とも言えるものである. その意味で, ゴードン法
は, ファシリテーター主導の発想法であると言える.

■シネクティクス法
　シネクティクス法もゴードン氏が開発した手法であり, 類推法
とも言われ,「異なった一見関係のないものを結びつける」とい

う意味のギリシャ語が基になっている［16］．無関係なものをあえて組み合わせることから，強制連想法の性質も合わせ持っている．新商品開発のプロセスを研究する中で生み出されており，その意味からも，シネクティクス法は，主に新製品のアイディア発想によく使われる．

シネクティクスを実施するには，アイディア発想のファシリテーション経験豊かなファシリテーターが中心となり，その問題の専門家や異分野の参加者（心理学，社会学，化学，生物学など）も加わるのが理想的である．

シネクティクス法の手順は次のようなものである．

シネクティクス法の手順：
1. ファシリテーターが解決すべきテーマを提示する（A）．
   ・たとえば「新しいダイニングチェア」
2. 専門家が，テーマの背景を解説する．
3. 解決策について，1回目のアイディア発想を行う．
4. 解決すべき目標を設定する（B）．
   ・たとえば「使わないときは折りたためる」
5. 類比性について検討する．
6. 類比のアイディアを選択する．
7. 2回目のアイディア発想を行う（強制的な類比）
8. アイディアを評価し，解決策を決定する．

シネクティクス法は，上記（A）の解決すべきテーマを（B）の解決すべき目標に置換することで，真の問題を明らかにしようとするアイディア発想である．(B)については,ファシリテーター主導で決めて良い．ここが，ゴードン法と同様に，ファシリテーターに事前の戦略やアイディア発想の経験が要求される理由である．

また，シネクティクスの類推法には，次の3種類がある．

シネクティクスの類推法：
- **直接類推法**　Direct Analogy
- **主観類推法**　Personal Analogy
- **象徴類推法**　Symbol Analogy

　直接類推法は，テーマと直接似たものを探し出し，それをヒントにアイディアを結びつける方法である．自然界や生物等に着目すると良いヒントが得られるであろう．その意味では，エクスカーションとの連携も有効である．グライダーや飛行機の様々な部位・機能は，鳥の動きなどから類推されていると言われている．

　主観類推法は，自分が対象になりきって，その擬人的な視点からアイディア発想する方法である．主に製品の改良や後継機の機能の検討などに利用される．システムやサービスの場合は，オズの魔法使いに見られる方法と同様であるが，この場合は，擬人的な視点でアイディアを発散する，という点がポイントである．

　象徴類推法は，問題を抽象化して，そのシンボリックな視点から幅広く発想する方法である．言葉の持つ象徴的な意味合いを深くあるいは飛躍して展開し，アイディアを発想するのである．

■ NM 法

　NM 法は，創造工学研究所所長で評論家の中山正和氏が開発したもので，その頭文字から命名されている［17］．NM 法は，シネクティクス法が基であるが，完成度が高く，手順がはっきりしているので，初心者でもなじみやすい発想法である．

　NM 法は，元々，製品開発に利用された方法であるそうだが，サービスを細分化したり統合したりすることでサービスデザインにも使用できる．

　NM 法の手順は次のようなものである．

NM 法の手順：

1．テーマを決める．
2．キーワードを決める．
3．類比を発想する．
4．類比の背景を探る．
5．背景とテーマを結びつけてアイディア発想する（強制的な類比）．
6．アイディアを評価し，最終的な解決案にまとめる．

　3 の類比の発想は，シネクティクス法の手順 4 〜 5 に該当する．そのうえで，類比の背景はどのようなものかを理解し，5 の強制的なアイディア発想に進むのだ．

<h1 style="text-align:center">4-5</h1>

問い語を糸口とする方法

　アイディア発想において，新たな発想の糸口が「問い」として用意されていれば，不慣れなメンバーがいてもスムーズにアイディア出しができ便利である．本節では，問い語を糸口とした発想法として，「オズボーンのチェックリスト」「SCAMPER 法」「TRIZ 法」の 3 種類を解説する．

■オズボーンのチェックリスト

　ブレインストーミングの考案者であるアレクサンダー・オズボーン（Alexander F. Osborn）氏は，チェックリストによってアイディアを発展させる方法も提唱している．チェックリストは，次の 9 つのキーワードでアイディア出しの糸口を与えている．

オズボーンのチェックリスト：

1. 転用（他に使い道を変える）
2. 応用（応用する，似たものを探す）
3. 変更（色を変える，売り方を変える）
4. 拡大（大きくする，範囲を広げる，増やす）
5. 縮小（小さくする，範囲を狭くする，減らす）
6. 代用（素材を変える，アプローチを変える，構成要素を変える）
7. 置換（要素を取り替える，パターンを変える，原因と結果を入れ替える）
8. 逆転（後ろ向きにする，上下をひっくり返す，主客転倒する）
9. 統合（組み合わせる，1つにまとめる）

　この9つを糸口として，強制的にアイディアを発想していくのである．強制的に糸口を与えられることで，発想が形式化してしまう懸念はあるが，アイディア発想に不慣れなチームの場合には大変役立つ方法である．

■ SCAMPER 法

　SCAMPER 法は，教育研究家のボブ・エバール（Bob Eberle）氏が「オズボーンのチェックリスト」を改良して作成したものであり，Substitute（代用），Combine（結合），Adapt（応用），Modify（修正），Put to other users（その他の使い道），Eliminate or minify（削除 or 削減），Reverse or Rearrange（逆説 or 再編成）の頭文字を取って「SCAMPER」とのことである．1つひとつ問いの趣旨を解説する．

SCAMPER 法：
・Substitute（代用）
　他のものに置き換えてみたらどうであるか．代わりの材料はあ

るか．など，製品やサービスが代用できるものを考える問いである．

・**Combine**（結合）

別のものと組み合わせることができるのか．組合せの応用はあるのか．など，製品やサービスが他の何かと結合させることを考える問いである．

・**Adapt**（応用）

似ているものは何か．過去のアイディアを流用できるか．など，類似している製品やサービスやすでにあるアイディアを考慮する項目である．

・**Modify**（修正）

大きさを変える．色を変える．など，製品やサービスの大きさや形，色，動作などを変更してみる項目である．

・**Put to other users**（その他の使い道）

他の用途など，製品やサービスを本来以外の用途に当てはめて考える項目である．

・**Eliminate or minify**（削除 or 削減）

何を取り除くとどうなるか．最低限何があれば機能するか．など，製品やサービスの機能や仕組みの省略や削除を考える項目である．

・**Reverse or Rearrange**（逆説 or 再編成）

逆にするとどうなるか．入れ替えるとどうなるか．など，製品やサービスの一部を入れ替えたり配置を変更したりする項目である．

　この7カテゴリーそれぞれがさらに細分化されており，合計で48個の問いがある［18］．これに回答していく強制型の発想法である．そこで明らかになった問題点をもとにアイディアへと繋げるのである．

　豊富なアイディアの糸口を提供してくれるという点では，便利なものである．ただ，オズボーンのチェックリストと同様，発想

が形式化してしまう点は注意が必要である.

■ TRIZ 法

TRIZ とは，ロシア語 Teoriya Resheniya Izobretatelskikh Zadatch（発明的問題解決理論）の略であり，「トゥリーズ」と発音する．ロシア人の G. アルトシューラ（Genrich Altshuller）氏が 1946 年に研究を始めた．世界の特許情報のパターン分析をし，これを基に 40 の発明原理を提供したものである．この 40 原理を基にアイディア発想に取り組む発想法が TRIZ 法である．40 の発明原理については，次のようなものがある [19].

TRIZ 法の 40 原理：

1. 区分する（分割原理）
2. 離す（分離原理）
3. 一部を変更する（局部性質原理）
4. バランスを崩す（非対称原理）
5. 組み合わせる（組合せ原理）
6. 汎用化する（汎用性原理）
7. 内部に入れる（入れ子原理）
8. バランスをとる（つりあい原理）
9. 事前に反動をもたせたアクションを用いる（先取り反作用原理）
10. 事前のアクションを用いる（先取り作用原理）
11. 重要なところを保護する（事前保護原理）
12. 同じ高さにする（等ポテンシャル原理）
13. 逆にする（逆発想原理）
14. 曲面を持たせる（曲面原理）
15. 環境に合わせてフレキシブルにする(ダイナミック性原理)
16. 大ざっぱに解決する（アバウト原理）
17. 視点を変える（他次元移行原理）
18. 振動を加える（機械的な振動原理）

19. 繰り返す（周期的作用原理）

20. 良い状況を続ける（連続性原理）

21. 短時間で終える（高速実効性原理）

22. 良くない状況から良い要素を引き出し利用する（災い転じて福となす原理）

23. 状況をフィードバックする（フィードバック原理）

24. 媒介する（仲介原理）

25. ユーザー自身に行わせる（セルフサービス原理）

26. 複製を作る（代替原理）

27. 使い捨てのものを積極的に使用する（高価な長寿命より安価な短寿命原理）

28. 力学を利用する（機械的システム代替原理）

29. 水と空気圧を利用する（流体利用原理）

30. フレキシブルな覆いや薄いフィルムを使う（薄膜利用原理）

31. 多孔質な吸いつく素材を使う（多孔質利用原理）

32. 色を変える（変色利用原理）

33. 質を合わせる（均質性原理）

34. 廃棄したり戻したりする（排除 / 再生原理）

35. パラメータを変える（パラメータ原理）

36. 相転移する：個体を液体にする（相変化原理）

37. 熱で膨らませる（熱膨張原理）

38. 通常よりも濃くする（高濃度酸素利用原理）

39. 反応の起きにくいもので満たす（不活性雰囲気利用原理）

40. 組み合わせた構造にする（複合材料原理）

　元々，発明特許の分析から得られた原理なので，経験アイディアへの利用に向かない面もあるが，新たしい糸口を得る手がかりにはなるであろう．

4-5
その他の方法

■発散させるマインドマップ

マインドマップは，英国の著述家 トニー・ブザン（Tony Buzan）氏が提唱した思考法であり発想法である．頭の中（mind）で起こっていることを目に見えるようにそのまま可視化しながら思考に利用するツールであり，物事を考えたり整理したりするときに重宝する．可視化したさまがマップのように見えることから，マインドマップ（Mindmap）と呼ばれる [20]．

マインドマップは，アイディアの発散や収束というタスクにも使用できる．この場合は，アイディアマップという具合に，アイディアの全体像がつかめる利点もある．その手順は次のようなものである．

マインドマップの手順：
1. 大きな用紙の中央に発想テーマを書く（楕円で囲む）．
2. 発想テーマから連想する言葉を周囲に配置する（メインブランチという）．
3. 2のメインブランチから，さらに連想するアイディアをメインブランチにぶら下がるように配置していく（サブブランチという）．
4. サブブランチ作りを順次繰り返しながらアイディアを発散していく．

マインドマップをアイディアの発散に使用する際の注意事項としては，2つある．

マインドマップ利用時の注意事項：
・言葉の連想を基に発想するので，抜け漏れが生じる．

- サブブランチレベルで発想したアイディアが他のブランチで
  重複する.

　マインドマップで発想したものを実際の商品やサービスに使用するためには，上記の「抜け漏れ」や「重複」を整理しなくてはならない．その労力は無視できないが，うまく作業を進めれば，アイディアの全体像が得られるのは他にない利点と言えるであろう．
　抜け・漏れ・重複を整理する方法には，次のようなものがある.

> **マインドマップにおける抜け・漏れ・重複の整理方法：**
> - メインブランチをあらかじめ決めておく（例：価値観，
>   体験内容，ゴールなど）.
> - 主なアイディアは 6W1H で整理する.
> - ロジックツリーを使用する.

　ロジックツリーとは，課題となるある事象に対して解決策を階層的に考察しその結果をツリー形状にまとめるものである．例えば,「人間とは」という問いに対して「男性」「女性」と 2 つがあり，その下に，「10 代」「20 代」というように年代区分があるようなものである．ツリー状に考察するさまは，評価グリッド法の上昇展開・下降展開の作法を用いればよいであろう（8-2 節参照）.

4-6
UX デザインとしてのアイディアの発散

　UX デザインにおいて発想のアプローチとしては，「問題解決型アプローチ」では,現状の改善にしか向かないであろう．したがって「提案型」がよいが,「アナロジー思考アプローチ」と「フレー

ムワーク思考アプローチ」をうまく組み合わせて用いるとよい.

　具体的には，アナロジー思考では「エクスカーション法」を用いて，動物の生態からの類推や，他の職業から類推する方法が入りやすいであろう．また 2-4 節で取り上げた「シナリオに基づくアプローチ」は経験を解くには良い方法であり，「ビジョン提案型シナリオ」は経験価値のビジョンからマクロ UX の様子まで 1 つのフレームで検討することができる，便利なフレーム型思考アプローチであるとも言える．エクスペリエンスマップで描かれる 1 つひとつのマイクロ UX（タッチポイント）は，6W1H のフレームで確認できれば後の作業（社内説得や開発）に繋げやすい．これは，抜け漏れをなくす検証作業であるとも言える.

　このように，エクスカーションで視点を変えた発想から入り，それをシナリオのフレームに落とし込むようなやり方が，UX デザインには向いている.

　アイディア数を増やすためには，強制発想法をうまく取り入れるとよい．ただ「マンダラート法」や「はちのすノート」は，製品についてアイディア発想する場合には適しているが，経験については利用しにくい．UX デザインにおいてこれらを利用する場合は，マイクロ UX の検討とか製品や物理システムのインタフェースのアイディア出しに利用するとよい.

　一方，「クリエイティブ・マトリクス」は，経験全体を視野に入れることができる．また「クロスビー法」は，感動要因をアイディアの中に意識的に取り入れることができるため，UX デザインにとっても利用価値は高い．ただし，突飛なアイディアが出た場合に，実際的なレベルに補正する必要がある．この問題に対しては，「マインドマップ」などを使用して，整理分析しながら進めるのがよいであろう．「エクスカーション」なども，視点を変える意味では効果的であり，生態的な面からも"人の経験"へ転用できる要素は多いであろう.

参考文献 ほか

[1] Nathan Shedroff と Christopher Noessel が執筆した『Make It So』の翻訳本（2014 年，丸善出版，共訳）．本書には『月世界旅行』（1902 年）から『ミッション：インポッシブル / ゴースト・プロトコル』（2011 年）まで，100 年以上の歴史をもつ SF のデザインを調査・分析した結果から抽出した，現代のデザインに生かせる 141 のレッスンが収録されている．最高のデザインを SF から学びとること，SF のデザインを仕事に活かすことを目的として，通信や学習，医療など人間の生活を手助けするために SF 世界ではデザインがどのように活用されているのかを読み解く．（「BOOK」データベースより）

[2] 「まさにセレンディピティ．偶然から生み出された 10 の発明」http://karapaia.com/archives/52188971.html

[3] 気づくためには「感性」が問題となる（9-3 節参照）．そして気づきは「解釈としての発想」であるとも言える（第 2 章）

[4] 代表ユーザーのペルソナは，①代表ユーザーの仮定，②仮定したユーザーに近い人をサンプリングしてインタビュー実施，③インタビュー結果から，主なプロフィールやゴールや価値観をまとめる，という手順で作成する．詳しくは，『HCD ライブラリー第 3 巻 海外事例編』（近代科学社，2015）の第 7 章を参照のこと．

[5] 「図解と事例でわかるビジネス問題解決フレームワーク 20 選」http://career-theory.net/business-flamework-3002#index05

[6] 特性要因図 https://ja.wikipedia.org/wiki/ 特性要因図 （一例あり）

[7] 経験時代とは，経験価値を追求する時代であり，経験を求める消費者ニーズを反映した社会を模した言葉として著者が使用している．

[8] エスノグラフィーは，仮説検証型ではなく，仮説探索型で行う調査である．この場合に得られる「仮説」とは「ユーザーの潜在ニーズ（インサイト）」である．

[9] 「アイディア発想編」（石井力重，『THE21』2010 年 3 号，PHP 研究所）https://www.php.co.jp/magazine/the21/?unique_issue_id=14305

[10] はちのすノートのフォーマットが次に公開されている．http://www.yano.co.jp/mirai/_bizidea/pdf/Format_06.pdf

[11] U'eyes Design 社のページは削除されているため，詳細は次を参照のこと．「XB 法（クロスビー法）に関する情報まとめ【更新版】https://uxxinspiration.com/2014/08/xb-method/

[12] 「シックス・ハット法」 http://ideatool.jp/index.php? シックス・ハット法

[13] 連想記憶とは，記憶の一部から関係の深い事象を関連づけて想起し，記憶として思い出すことを意味する．例えば，ある曲のサビの部分を聞いただけで，その曲を過去に聴いた際の情景や音や匂いなどの感覚的な経験を思い出すことなどである．

[14] 「エクスカーション──ノート 1 つで 100 個以上のアイディアを出す方法」http://www.itmedia.co.jp/bizid/articles/0804/09/news013.html

[15]「ゴードン法」http://ideatool.jp/index.php? ゴードン法

[16]「シネクティクス法／類推法」http://insight.planidea.jp/creativity-thinking/methods/divergent-thinking/analogical-measures/synectics-method.html

[17]「発散技法－類比技法［6．ＮＭ法］」http://www.japancreativity.jp/category/nm.html

[18] 48 の設問については次を参照のこと．https://swingroot.com/scamper/

また，改訂版として 31 の問いが含まれたリストも公開されている．http://ideakey.jp/wp/wp-content/uploads/sheet/scamper.pdf

[19]「40 の発明原理 _ 全サブ原理 104 図解事例」http://www.proengineer-institute.com/triz_principle.html，TRIZ https://ja.wikipedia.org/wiki/TRIZ

[20]「思考整理やアイディア発想に活用できるマインドマップとテンプレート」https://www.kikakulabo.com/mind-map/

第 **5** 章

チームで行う発想

本章では，チームで行う発想ワークに注力し，ファシリテーションの方法を中心にチーム発想に役立つ方法について解説している。

5-1
ファシリテーション

　発想は，他の人の発想からヒントを得ることが多いので，「チーム発想」（チームで行う発想を目的とした会議.発想会議,アイディア会議，アイディア・ミーティングなどともいう）は効果的である．チーム内には発想豊かな人もいれば，アイディア出しの不得手な人もいる．チーム発想は，その場を仕切るファシリテーターが留意すべき事項がいくつかある（5-5 節参照）．これを怠ると，声の大きい人のアイディアが採用されてしまい他のメンバーにフラストレーションが溜まるなど，マイナス面が出てくる．ファシリテーションでは，これをいかにかじ取りするかが肝要である．

　そのうえで，チーム発想を運営するうえでファシリテーターが留意（チーム発想で遵守）すべき重要事項は次の 5 つである．

　チーム発想で厳守すべき重要事項：
　1．時間を厳守する．
　2．目的から外れない．
　3．発想する時間を短く設定し，休憩と発想を繰り返す．
　4．全員に発言させる．
　5．事前に，資料に目を通させるようにする．

　1 は時間の有効活用という意味からも厳守すべきである．発想は数を重視しなければならない点からも（p.9，1-2 節）無駄な時間は 1 分たりともないのだ．

　ファシリテーターが遅刻するというのは論外で，逆にファシリテーターは 10 〜 15 分は早目に参加し，次に述べる「目的シート」を貼ったり，アイディアシートをコピーしたりして，準備を怠らないようにしてほしい．

　2 は冒頭に説明するわけだが，アイディア出しが始まってしま

うと忘れてしまいがちである．そうならないためには，A3 サイズ位の大きな紙に目的やテーマを書いて貼り出しておくようにするとよい（目的シート）．アイディア評価などのたびに目的やテーマを振り返り，脱線していないかどうかを確認しながら進めるのだ．もし専用のアイディアシート（7-3 節）を用意できるなら，シートの端，ヘッダーなどに書いておいてもよい．

　3 は，チーム発想の時間（10 〜 25 分）と評価や短時間の休憩（アイスブレイクとも言う）を交互に取りインターバルを設けて運営する．インターバルの取り方は，ポモドーロ法（図 5-1）を参考にしてほしい．

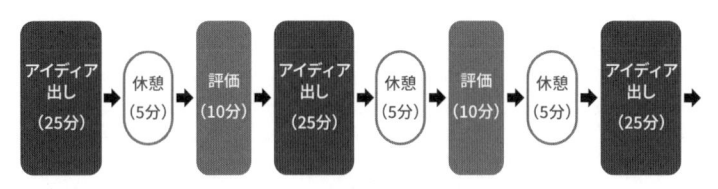

ポモドーロテクニックとは：25 分の作業＋5 分の休憩を 1 ポモドーロとし，4 ポモドーロ（2 時間）ごとに 30 分間の休憩を取る．これを繰り返す．

図 5-1　ポモドーロ法

　ポモドーロ法とは，イタリアのフランシスコ・シリロ（Francesco Cirillo）氏が，1992 年に自身の勉強効率を上げるために考案した時間管理術で，25 分仕事をして 5 分休むのようなインターバルで生産性を向上するテクニックである [1]．アイディア出しなどの知的作業は，冗長的に漫然と長くやらないほうがよいとされている．集中力は続かない．25 分が限界とのことである．

　4 は傍観者を作らないという意味である．アイディアを発表する際や評価の際は，参加者全員に順番に発表させるとか，とにかく発言させるようにするのだ．チーム発想に貢献度の低い人を作らないことが肝要である．

　5 はチーム発想を効率的効果的に行ううえで重要である．少な

くとも，目的やテーマとその背景などは，メンバーに事前に配布し，目を通したうえでチーム発想に参加してもらう．

　ファシリテーターの役割は，以上のポイントを押さえつつ，留意事項に配慮しながら，時間内にインターバルを終わらせることである．もしアイディア数が足りない場合は，早めに次のチーム発想の場を設定する．「早めに」とは，冷めないうちにという意味であり，数日後，遅くとも 1，2 週間以内を念頭においてほしい．1 ヶ月も空けては状況が変わってしまうということもあり得る．その変にも気を配りながら，早め早めにチーム発想を終わらせるようにしてほしい．

5-2
ブレインストーミング

　ブレインストーミングは少人数で自由討議を行うことであり，米国の実業家 アレック・オズボーン（Alex Osborn）氏により生み出された会議の方法である．ブレインストーミングの概要は以下の通りである．

■適正な人数
　適正な人数にはいくつかの説がある．スタンフォード大学のティナ・シーリング（Tina Seelig）は会議に最適な人数として 6 〜 7 人を提唱しており，HAZOP（危険源の特定手法）では 3 人前後でチームを構成し，それぞれの班での成果を持ち寄るという方法をとる．一般的に会議の適正人数は 5 〜 7 人であると言われる．

　また「8-18-1800 の法則」によれば，ブレインストーミングの参加者の最大数は 18 人である．また，会議などで何かを決定するときは，8 人を超えてはいけないという [2]．経営コンサルタ

ントの堀 紘一氏は，7 人以上になると雑談が生まれやすくなるという理由から，会議は 6 人までとの意見を述べている [3]．そして 6 人にするためには，会議への貢献度で参加すべき人を判断するのがよいとのことである．つまり，貢献度の低い人（発言しない人，アイディアを出さない人）は会議に出席させないほうがよいと言うのである．かのスティーブ・ジョブズ（Steve Jobs）氏は，「この会議ではきみは必要ないと思う．ありがとう」と言って低貢献度の人は会議に参加させなかったそうだ．

　よく“民主的な会議”などと言い自由参加のオープンな形式にしてしまう場合があるが，これはマイナスである [4]．むしろメンバーは厳選し，小規模で行うほうがよい．理由はひとえにファシリテーターの負荷の軽減である．ファシリテーションを行いながらアイディア出しもするというような場合は，18 名でも多すぎる．ファシリテーターの負荷が大きすぎるであろう．

　以上を踏まえると，ブレインストーミングの参加者数は，10 人未満とするのが無難である．著者は多くても 5 ～ 7 名程度を推奨する．

■基本原則

　前述のオズボーン氏は，次の 4 つを「ブレインストーミングの原則」として提唱している．

ブレインストーミングの原則：

1．判断・結論を出さない

　発散フェーズにおいては，自由なアイディア発想は抑制しないほうがよい．性急に分類したり整理したりせず，多少脇道にそれてもよいので拡散させるのがこのフェーズである．そして収束フェーズになったら，方向性を見出すように収束技法（8 章参照）を用いながら誘導する．ただし強引に結論を導くのは禁物である．メンバー間のコンセンサスを重んじながら，テーマに合致するアイディアを選択する．もし複数案が捨てがたい

ような場合は，系統的な評価（8-1 節）を行いながら結論づけるようにするとよい．

2．粗野な考えを歓迎する

誰もが思いつきそうなアイディアよりも，奇抜な考え方やユニークで斬新なアイディアを尊重する．メンバーのそのような感性豊かな発想を重んじ，また促しながら，インターバルを回すようにする．

3．量を重視する

アイディアは質より量である．量なくしては，一時の思い込みや恣意的な判断ともなりかねない．アイディアを出し尽くし，その中から選択することで，メンバー全員のコンセンサスも生まれるのである．

4．アイディアを結合し発展させる

他の参加者が出したアイディアについて全面的に否定するのは良くないが，部分的な否定はむしろよい．第 1 章でも述べたが，他の人のアイディアに改良点を見つけ，部分的に批判しながら改良案をアイディアとして発展させる．完全否定はせず部分否定であれば，チーム発想もスムーズに行えるはずである．

米国のコンサルティング会社 IDEO は，「ブレインストーミングの 7 つの秘訣」を提唱している．内容は次のとおりである．

ブレインストーミングの 7 つの秘訣：
1．テーマ／焦点を明確にする．
2．批判したり論争を仕掛けたりしない（楽しむ）．
3．量を重視する．
4．タイミングをみてジャンプさせる．
5．出したアイディアは一覧して見えるようにしておく（場所の記憶）．
6．脳のウォーム・アップやストレッチを行う．
7．身体を使う．

量を重視し批判しないなど，オズボーン氏の原則やシーリング氏の提言との類似性も見られるが，アイディアの一覧性や身体を使うなどユニークな面もあり面白い．一覧性は場所記憶の活用（そういえばさっきのアイディアの近い，など）であり，身体については刺激を受けることを意図しているのだ．

■ウォームアップ（アイスブレイク）

「エナジャイザー（Energizer）」は，アイスブレイク（ウォームアップも含めた休憩の意味）時に用いる手法である．これは，参加者の発想のエンジンがかかりにくい時など，ゲーム感覚で行う簡単なアクションを意味し，クリエイティブ脳を刺激し脳をウォームアップすることを目的としている．

「Do you love your neighbor?」というエナジャイザーは，日本の「ハンカチ落とし」のようなものだ．詳しくは次のビデオをご覧いただきたい．

"Do you love your neighbor?"（ビデオ）
https://vimeo.com/66224247

なお，体を動かすことの重要性は，IDEO の「ブレインストーミングの 7 つの秘訣」にも掲げられている（5-2 節）．

「イラストによるブレインライティング」も 1 つのエナジェイザーである．たとえば次のような手順である．

イラストによるブレインライティング：

1. 最初に「今食べたいもの」を描く．
2. 隣の人にシートを渡す．
3. 次の人は，そのイラストを見て連想したものを描く．
   似た料理とか，合わせて食べるとよい料理とか，料理
   店や食器など，仲間を探してやはりイラストで描く．

4．これを 2 周回す．

　シートは，A 3大の紙に 4 センチ角程度のマスを並べた，簡単なものでよい．メンバーが 5 人の場合は 5 枚用意する．
　イラストを描くのは苦手なメンバーがいるような場合には，6-1 節の最後に書いたように，「桃太郎を破壊する」というテーマで楽しみながら自由に発想してみてもよい．

　これは，「発想ゲーム」の 1 つである．ここで，「桃太郎を破壊する」というような空想的なものを考えよう．「桃太郎のお話」という誰もが知っている童話をテーマとし，背景やストーリーを変える自由なアイディア発想を行うのだ．たとえば，

桃太郎を破壊する（発想ゲーム）：
・「桃から生まれずに林から生まれたら」
・「川から流れて来ないで ロケットで川上に打ち上げられ
　ていたら」
・「桃太郎チームではなく 単独行動したら」
・「勧善懲悪（善を勧め悪を懲しめる）ではなく 虚栄心や
　名誉欲もあるとしてみたら」，等々．

　一眼レフカメラを応用して作られる画像診断装置は，「写真を撮らないカメラ」とも言えるのだ．このように，従来の価値から離れて価値をリフレーミングすることが，イノベーティブな発想と言えるものなのである．

5-3

ブレインライティング

　ブレインライティングは強制発想法の1つで，会話ではなく記述によりアイディアを出して行く方法である（図5-2）．手順は次のとおりとなる．

ブレインライティングの手順：

1. 用紙を参加者全員に1人1枚配布する．
2. 発想するテーマについての願望や目標のアイディアを5分間で3つ書き出す．
3. 5分経ったら隣の人に回す．
4. 隣の人は，前の人が出した3つの願望アイディアをヒントにして，さらに願望や目標のアイディアを出す．
5. この手順を用紙の全ての欄が埋まるまで繰り返す．
6. 終了したら，皆で評価する．

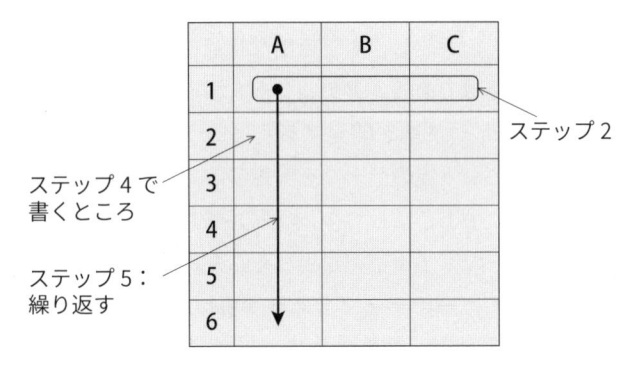

図 5-2　ブレインライティング

　ステップ2でいう願望は，あまり具体的に書きすぎるとアイディアが膨らまないので注意が必要である．また抽象的すぎても，漠然としてピントこないことがある．

ステップ4は，前述の部分否定をしながら改善のアイディアを出すことである．また，まったく新たで視点で斬新なアイディアをひらめいたら，それを書いてもよい．ステップ6で示した「評価」については，第8章を参照されたい．

　ブレインライティングは，ブレインストーミングで活発に発言しない控えめな日本人に向いていると言われる．したがって，ワークショップやアイディア出し会議を始める前のエナジェイザーとしても活用してもよい．

5-4
ゴードン法

　ゴードン法とは，米国のウィリアム・ゴードン（William Gordon）氏がブレインストーミングをヒントに考案した発想法である．第一フェーズでは，メンバーには具体的なテーマを知らせずに，抽象的なテーマを与えてアイディア出しに着手する．メンバーの固定観念を解放し，より自由な視点で発散させることを意図したチーム発想である．アナロジーを積極的に活用する．

　たとえば，「新しい洗剤を開発する」という本来のテーマに対しては「清潔」という仮のテーマを設定する．ファシリテーターは情報を少しずつ小出しにしつつ，本来の課題へと近づけていく．そして，メンバーのアイディアが出尽くしたと思った段階で，第二フェーズとして本来のテーマである「新しい洗剤を開発する」を提示し，アイディアを調整するのである［5］．ゴードン法の手順は次のとおりである．

ゴードン法の手順：
1. ファシリテーターが課題を設定し，その課題をより抽象的な言葉に置き換える．

2. 置き換えた抽象的な言葉をテーマとして参加者に発表する（第一フェーズのテーマ）．

3. そのテーマに対して，もっと便利に・もっと快適にするにはどうしたら良いか，またそれにはどのような方法があるか，あるいはどのような物が欲しいか，どういった行動が連想されるかなど，できるだけ広くアイディアを発散させる（第一フェーズ）．

4. ファシリテーターは経過を見ながら情報を少しずつ小出しにして本来の課題へと近づけていく．

5. 参加者の意見やアイディアがある程度出尽くした頃合いを見計らい，ファシリテーターは本来の課題をはっきり提示する（第二フェーズのテーマ）．

6. 第一フェーズで出したアイディアを振り返って努力に対し感謝し，第二フェーズではさらにアイディアを展開してほしい旨を述べる．その際に具体性なども考慮してもらう．

7. 第一フェーズで出た幅の広い指摘やアイディアの素材〜視点をヒントに，本来の課題であるアイディア出しを，第二フェーズとして進める．

　この方法はメンバーに不安感を与える傾向もあるので，ファシリテーターは，自由奔放なアイディア展開も歓迎する旨の発言でメンバーの気持ちをほぐすようにするとよい．

5-5
ブレインストーミングのジレンマ

　ブレインストーミングには，効果を妨げるさまざまな問題が生じる．ブレインストーミングを成功させるべきファシリテーター

にとっては，まさにジレンマと呼ぶにふさわしい．ここでは，いくつかの代表的なジレンマを俯瞰してみる．ファシリテーターは適宜これらに対処しながら，ブレインストーミングを円滑に進め，成果をあげなければならない．

■社会的手抜き

　自分の貢献度が低くても集団で補ってもらえるだろうと考えて貢献を抑制し，重要なことでも発言しないこと（人）を指す．ブレインストーミングへの貢献という観点で考えれば"手を抜いている"という状況になる．ファシリテーターは全員に発言させ，アイディアを述べさせるようにする．あまりに手抜きの多い人は個別に指導し，改善されないようであれば次回から参加させないなどの強い姿勢でのぞむべきである．

■生産の抑制

　チーム発想では，評価しているときに新たなアイディアが生まれても，聞いていなければならない．それによって自分が提案するつもりだったアイディアから意識がそれたり，忘れてしまったりする．これを回避するためには，専用のアイディアシート（8-2節）を用意し，評価中でも随時記入できるようにする．

■評価に対する不安

　チーム発想のセッションでは，アイディアの評価はたいてい後のほうで行われるが，実際は自分がアイディアを発表したと同時に，他のメンバーがおのおのの心の中で反応することを皆覚悟している．評価されないとの不安を感じながら発表するのである．これを回避するためにも，アイディアへの批判は厳禁であることを明確にする．

5-6

アイディア 100 本ノック／ 1000 本ノック

　ノックとは，野球でゴロやライナーのキャッチングを磨くための練習方法である．ノッカー（ノックを行う人．多くの場合はコーチが担当）が次から次へとゴロやライナーをノックし，野手はボールを捕球処理して返すという厳しい練習だ．その様子から「アイディア 1000 本（あるいは 100 本）ノック」という異名がついている．この方法は，とにもかくにもアイディアを数多く出したいときのチーム発想会議について用いられる言葉である．

　ブレインストーミングでアイディア出しを行う場面では，自由連想法や強制連想法を組み合わせてある程度の量を出すための方策として「アイディア 1000 本ノック」と呼ばれるファシリテーションを行う．たとえば，時間を区切ったうえで「目標は 30 個」などの軽いプレッシャーの言葉を与え，強制連想法をうまく使いながらファシリテートすることなどが考えられる．他の人のアイディアを部分否定したアイディアを生み出すためにもポモドーロ法で時間を区切ったインターバルを設けることは有効である．

5-7

アイディア合宿

　効率的にアイディアを生み出すための方策として，オフィスを離れて日帰りの合宿を行うこともよいとされており「アイディア合宿」とか「アイディア・キャンプ」などと言われている．アイディア・キャンプは，まさしく野外でキャンプをするように，公園などへ行き身体を動かしながらアイディア出しを行うものである．気分を変えたり，身体を動かしたりすることで，ひらめきが

誘発されることも期待できる．

　ひらめきは，アイディアを考え抜いた末に，いったん意識の外に置いて寝かせる時間が必要といわれる．意識の外に置くとは，アイディア・ブレインストーミングから離れて外を散歩したり，身体を動かしたりすることである．この意識の外に置く行為によって脳内に化学反応が起き，ひらめきを得るのである．ニュートンのリンゴはこのようなものである．アイディア・ブレインストーミングから離れて気分転換するためにも，社内ではなく社外の会議室を借りて日帰り合宿を行うとよい．場所も，公園のそばや都心など，気分転換できるところを選ぶ．著者の経験でも，横浜の港の見える丘公園そばの会館内にある貸会議室は絶好のロケーションであった．

5-8
UX デザインのためのチーム活動

　UX デザインを多様な役割を持った人の混成部隊で行う活動とするならば，求められるチーム活動は，ブレインストーミングで始まりブレインストーミングで終わるといってよい．プロジェクト単位でラピッドに（素早く）回すアジャイル開発ならなおさらである．アジャイル開発でなくても，プロジェクト型開発を行うケースが増えており，チームでブレインストーミングを行う機会は大変多い．

　商品やサービスの企画であれば，プランナーやデザイナーやエンジニアなどの小規模チームでブレインストーミングを行う．大きな組織でも，たとえばデザイン部門の中はブレインストーミング形式でデザイン検討を進める．これは，思考方法が形式化しておらず，イノベーティブな思考を求められる局面が多く，試行錯誤にならざるをえないからである．

ブレインストーミングを実施するうえでの注意点は，本章の5-2 節に詳しく述べている．またブレインストーミングを行う場所については，たまには執務スペースを離れて行う「アイディア合宿」が効果的である（5-7 節）．日頃から良い場所の候補を探しておくとよい．

　執務スペース内に専用の「プロジェクトルーム」が確保できる場合はよいが，そうでない場合も多い．このような状況を想定して，必要なときにブレインストーミング用に使えるフリースペースがいくつかあるとよいであろう．その場合は，道具は持ち込みになるので，「ワークショップ・キット」（あるいはブレスト・キット）のような持ち運びできるものを用意しておくと便利である．ワークショップ・キットの内容は次のようなものである．

ワークショップ・キットの内容：
- 付箋紙（メモ用，投票用）
- アイディアシート
- 付箋のり
- 太いマーカー
- サインペン（メモ用）
- 目的を大書きした用紙（直前に用意する）
- 模造紙
- セロハンテープまたは粘着テープ
- カッター
- カッターマット
- 記録用のデジタルカメラ（スマートフォンで代用可）

　ワークショップ・キットをキャスター付きのトランクに詰めて用意しておくと，アイディア合宿などもスムーズに実施できる．

　チーム発想の正否は，何と言ってもファシリテーターの経験に負うところが大きい．UX 活動の経験が豊富で発想法にも詳しい人がファシリテーターとなり，エナジェイザーをうまく取り入れ

ながら，ブレインストーミングの原則に沿って運営する．これによって右脳と左脳間で情報のやり取りが増え，脳が活性化して脳がクリエイティブな状態となり，ひらめきを得やすくなる．

参考文献 ほか

[1] ポモドーロ・テクニックの詳細は，25 分作業＋その後の 5 分の休憩を 1 ポモドーロとして，4 ポモドーロ（計 2 時間）ごとに 30 分間の休憩を取る方法である．今日から始める生産性アップ術．ポモドーロ・テクニック再入門ガイド」 https://www.lifehacker.jp/2014/07/140714pomodoro.html

[2]「8-18-1800 ルールで適切な人数を会議に呼びましょう」 https://www.lifehacker.jp/2015/08/150803_meeting_rules.html

[3]「参加人数は 6 人まで？会議の際に意識しておきたいコミュニケーション術」https://www.lifehacker.jp/2016/10/161024book_to_read.html

[4] ホールミーティングやワールドカフェのように，大勢が集うことに意味のある場合はこの限りではない．人数を絞るのは，いわゆる社内でのブレインストーミングのような小規模な会合を想定している．

[5]「ゴードン法」http://insight.planidea.jp/creativity-thinking/methods/divergent-thinking/free-association-measures/gordon-method.html

第 **6** 章

イノベーティブな発想

イノベーションが大事と言われながら，取り組みにくいイノベーションである．本章では，イノベーションを行う基礎となる思考方法や発想方法について解説する．

6-1

イノベーティブ思考

イノベーションは定義できないと言われる．米ハーバード大学教授のクレイトン・クリステンセン（Clayton M. Christensen）氏は『イノベーションのジレンマ』の中で，イノベーションの種類について言及している．しかしそれは，"種類を定義しただけ"であったとも言える．

イノベーションを定義しても実際の行動には繋がりにくい．ではイノベーションの行動を起こすにはどうすればよいか．それは，「イノベーティブな発想」を行うように努力することだ．つまり「イノベーティブ思考」で行動するということである．

イノベーティブな発想とは，イノベーティブ思考の基本となるものであり，イノベーティブに発想する行為自体が，すなわちイノベーションの第一歩である．イノベーティブに思考し発想することで，豊かで斬新なアイディアを生むことができる．イノベーションの基盤となる"イノベーティブな思考スタイル"とは次のようなものだ．

イノベーティブな思考スタイルとは：
1. 既存のモノを否定しゼロベースで考える．
2. 自社のコアコンピタンスに精通する．
3. ポジティブに発想し批判を恐れない．

「既存のモノを否定しゼロベースで考える」とは，既存のモノが最適であるとの思い込みを捨てることを意味する．いろいろな部分を否定したうえで，「エクスカーション法」や「マンダラート法」（4-3 節）などを用いて，代替するものへ置き換えてみることで活路が開けることがある．

例えば，食物を生産する第 1 次産業と，加工する第 2 次産業と，

流通し販売する第3次産業を統合して，第6次産業化すると言う発想がある[1]．"衰退する第1次産業"という捉え方ではなく，"進化する第1次産業"という捉え方だ．このように，既存の仕組みや産業構造を壊していく姿勢がイノベーティブ思考である．

また，既存のモノを否定するということは，他と異なる感性を持つということでもある．同じ感性の下で発想すると，工夫しようとするあまり議論となる．議論から斬新なアイディアは生まれにくい．感性を変えると議論にならないばかりか，視点も変わるので，黙っていても新しい発想が生まれる．感性を変えるとは，モノやコトの意味に新たしい解釈を与えるようなものである．タレントのIKKO氏も「個性は，周りとは違う感性を選ぶ（焦点を当てる）ところから生まれる．」と言っている[2]．たとえば，モダニズム中心のファッション界にあってあえて古典的なアレンジにチャレンジしてみるとか，シンプル・イズ・ベストでやってきた建築に装飾的な遊びの要素を取り入れるなど，あえて"普通でない感性"を得ようとするところに「個性」は生まれるのである．

「自社のコアコンピタンスに精通する」とは，コアコンピタンスへの理解を深め「真の価値」を見出すことである．コアコンピタンスとは，自社・自組織が強みとする能力のうち"核となるもの"というほどの意味である．「競争力」と読み替えてもよい．カメラメーカーであれば「画像処理技術」とか「豊富な交換レンズ群」などであり，流通業者であれば「配達スピード」，外食産業であれば「独自の自然食材」などである．

イノベーションは自社のコアコンピタンスがなんであるかを知るところから始まる．そのうえでコンピタンスを生かせる価値を探索する．たとえば，カメラのレンズであれば「精度の高いレンズ」とモノ思考ではなく，「精緻なロボットの目」というように言い換えるとか，コンビニエンスストアであれば「生活必需品のポータルサイト」などと，新たな価値を再定義（リフレーミング）してみる．再定義とは，新たな価値を与えることなのだ．

「ポジティブに発想」するとは，脳をクリエイティブな状態にすることである［3］．つまり「クリエイティブ脳」を持つことが大事である．クリエイティブ脳では，脳内の神経ネットワークが活性化しており，「連想記憶」や「ひらめき」が生まれやすい状態となる．神経ネットワークが活性化すると，右脳と左脳を巧みに相互活用しながら思考するようになる．そうなるためにはポジティブ思考が欠かせない．ひらめきはちょっとした発想をきっかけにしてアイディアが生まれることを意味するから，脳がクリエイティブな状態であることが求められるわけである．

　「批判を恐れない」とは，批判を恐れるあまり萎縮してはいけないという意味である．突飛なアイディアは歓迎され，次のアイディアが誘発されるようなクリエイティブな良いスパイラルが生まれるようにコントロールすべきである．弁証法で言うアウフヘーベン（autheben）である．

　アウフヘーベンという言葉がある．日本語で「止揚（シヨウ）」といい，古いものが否定されて新しいものが現れる際に古いものが全面的に捨て去られるのではなく，古いもののうち積極的な要素が新しく高い段階として保持される，ということである．アウフヘーベンは，持続可能なイノベーションと破壊的イノベーションの中間的なものと理解することができる．

　まずイノベーティブな思考スタイルを身につけ，そのイノベーティブな思考をもって発想ワークに臨むことではじめて「イノベーティブな発想が可能となる．イノベーティブな発想とは次のようなものである．

　イノベーティブな発想とは：
　・見たこと聞いたことがない．
　・実行可能である．
　・批判を生む．

この3つを満たすものがイノベーティブな発想である．どこかで見たこと聞いたことがあるようなアイディア．いわゆる既視感のあるアイディアはイノベーションではない．今まで見たこと聞いたことがないからイノベーションなのである．

　また面白いアイディアでも実行できなければ絵空事で終わってしまう．イノベーションは SF（Science Fiction：空想科学）ではないのだ [4]．実行できないというのは，知恵や技術が足りないという意味であり，ちょっと工夫すればできる能力がある場合は"実行可能である"と考えてよい．また，自社内にない場合は，外から取り入れてもよい．ようはいかなる手段を講じても実現できないようなアイディアは，採用すべきではないということである．

　また，今まで見たことも聞いたこともないものを拒絶する文化はどこにでもある．どの組織にも「現状維持バイアス」はありうるのだ．新しいアイディアが反対されることはよくある．特に過去に成功体験があるような企業や組織は，変えることに不安や抵抗感を感じ，その過去にしがみついてしまう．反対派が形成されるのは避けられないことで，むしろアイディアがイノベーティブであることが証明されたようなものだ．その意味では，反対派はいなければならないのである．反対者がいないということは，それだけでイノベーティブでないようなものだ．

　このように，イノベーティブな思考の状態にすることがまず必要であり，そのうえでイノベーティブな発想に挑んでいく．ここが肝要である．

6-2
ゴールデンサークル理論と UX 発想

イノベーティブ思考を考えるとき，米国マーケティング・コンサルタントのサイモン・シネック（Simon Sinek）氏の「ゴールデンサークル理論」を基に考えることが，実践的であり役に立つ（図 6-1）.

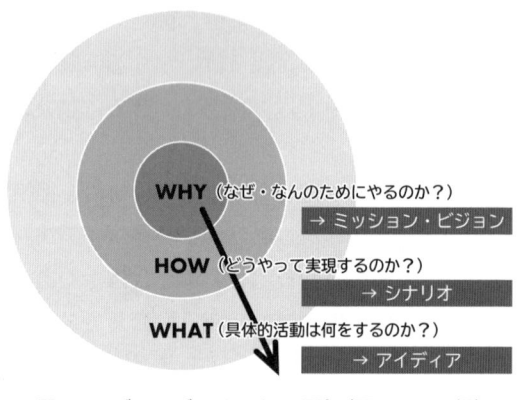

図 6-1　ゴールデンサークル理論（図 1-1 の再掲）

　ゴールデンサークル理論では，事業の成功は Why を明らかにすべきであるとする．つまり，なんのためにその商品なりサービスを考えなければならないのかを明確にすることが重要である（これをビジョンと言う）．ゴールデンサークル理論をあてはめた好例はApple 社だ．シネック氏は，Apple 社のようにイノベーションで成功するためには「なぜそれをするのか」をビジョンとして明確に持ち，これに沿って事業を展開しなければならないと説く.

　通常よくある「何をどうする（What → How → Why）」の発想ではなく（この場合，実は Why についてはあまり語られない），「なぜそうするか（Why → How → What）」で発想すべきであるとするものである．たとえば Dell 社は，「スペックの良い PC」という What に固執しすぎたために失敗したと言われている．これに

対して Apple 社は，「私たちは世界を変えられると信じて努力している（だから iPhone を作る）」という Why が中心の考えとなっているという．

　Why から発想するというのはなかなか難しいもので，たとえば，ダイエットするときに What として「5 キロ痩せるぞ」と目標を立てるわけだが，Why をつかさどるとされる脳の基底部が変化を拒み，今までの食習慣や生活習慣を維持しようとするためダイエットが続かない，というわけだ．

　このように，What からではなく，Why からの発想によりゴールがしっかりと定まり，正しい事業活動が行えるようになるのだ．イノベーティブ思考では，Why から発想して How や What を導くようにすれば，アイディアを聞く人見る人の心に響くようなものとなる．イノベーティブなものは，今までの How や What と違うことが多いので，Why から改めて定義することで，説得力が生まれるのだ．

　プライベートなことで何かやろうと思ったときは，まずなぜそれを行うのかを考え，自分なりに明らかにする．そうすれば，協力者を得ようとしたときも，自分の言葉でその“やることの必要性（意義）”を説くことができる．他者が賛同するためには，その必要性や意義に共感できることが重要なのだ．

　では，UX デザインの中で実践するにはどうすればよいのか．新しい経験価値を考えサービス事業を展開する計画の承認を得ようとした場合でも，その事業の意義として収益性とかブランド価値の向上など，経営上得る価値を明確にしなければならないはずだ．提供する経験価値によって利用者が幸せになることが最大の Why だが，経営価値を明確にすることも大事な Why だ．経営者がその経営価値を納得したときに，事業計画に対して承認が得られるからである[5]．新しいサービスの内容（What）だけ説いても，承認は得られない．KPI（Key Performance Indicator：重要な経営管理指標）が重要だという根拠はここにある．

6-3

アドバンスト UX デザイン

　未来技術や社会の変化（以後，未来情報とする）を予測して，今ないものを先行的にデザインするデザイン領域を「アドバンストデザイン」という．UX デザインにおいても，近未来の UX を考える「アドバンスト UX デザイン（AUXD：Advanced UX Design）」というものが存在しうる．

　AUXD は，別の領域名である「デザインエンジニアリング」と言われるものと非常に近い．ユーザー経験を具体的に再現するためには，エンジニアリングの力が必要である．この AUXD を行うチーム構成は次のようになる．

　　AUXD のチーム構成：
　　・UX デザインに精通するデザイナー
　　・ソフトウェアエンジニア
　　・ユーザビリティエンジニア

　ソフトウェアエンジニアは，可動型プロトタイプを制作する役割を持つ．アイディアをラピッドに（素早く）具体化し，評価の後，プロトタイプを修正する．修正したら即再評価して改良のためのアイディア発想を行い，プロトタイプを改良する．そして再度評価する．このように，素早くプロトタイピングを回すことを「ラピッド・プロトタイピング」と言う [6]．

　　ラピッド・プロトタイピングとは：
　　1. デザイナーが経験価値を具体化する仕様をまとめる．
　　2. ソフトウェアエンジニアが第 1 次のプロトタイプを制作する．
　　3. ユーザビリティエンジニアがヒューリスティック評価

を行い，改良点を洗い出す．

4. デザイナーが改良版プロトタイプの仕様をまとめる．
5. ソフトウェアエンジニアが第 2 次のプロトタイプを制作する．
6. ユーザビリティエンジニアが統合評価を行い最終確認する．

評価は，最初はヒューリスティックに行うが，最終的には仮想ユーザーを加えた利用品質の評価や A/B テストとなる．このとき，ユーザビリティエンジニアが評価を回しながら，並行してデザイナーが評価用の資料を用意したりする．このような素早い連携を行う様子は，まさに「アジャイル開発」と言えるものだ．

AUXD が想定している時代は未来なので，ユーザーのインサイトは知ることができない．ユーザー調査でインサイトを知る代わりに，未来情報を基にして予兆を解釈し，近未来の視点からアイディア出しを行う．現在のインサイトから予測する部分もある．この 2 つから，近未来のインサイトを解釈する「解釈としての発想」の質が問題となる（第 2 章を参照）．

近未来の仮説インサイト＝（A ＋ B）：
A）未来情報を基にした予兆の解釈
B）現在のインサイトを基にした予測

A は，インサイトを先取りして仮説を立てていることになる．これを基に経験価値をデザインする．そして，アイディア評価の段階で，現在の人々に将来受け入れられるかどうかについて，受容度を判断してもらう．

評価に使用する素材は，できるだけリアルに判断できるように，可動するプロトタイプ（一部のソフトウェアを組んで，実際にインタラクション体験できるもの）や，リアルなイメージを共有できるビデオ素材を用意することが多い．これらを用いて，受容性

評価を実施する．やはり検証は必要である．

　AUXDの活動として特徴となることは，次のようなものである．

　　AUXD 活動の特徴：
　　1．近未来の視点からのアイディア発想
　　2．経験価値はコンセプトムービーとしてビデオ映像化
　　3．可動型プロトタイプの制作
　　4．2と3を用いた受容性評価
　　（通常，UX チーム内で作成するエクスペリエンスマップなど
　　は，UX デザインの常套手段なので含めていない）

　成果物としてコンセプトムービーや可動型プロトタイプのように リアルに具体化したものがあれば，利害関係者（プロジェクト メンバーや経営者）の理解も得やすい．

　AUXD のエクスペリエンスは，現在は存在していない新しいも のなので，マップで理解するのは慣れが必要である．プロトタイ ピングを重ねながら，マップ内に機能面での条件やインタラク ション手順などを書き加えていき，マップをアップデートしてい く必要がある．

　近未来を先取りしてアイディア発想するためには，未来情報を 基にして価値を再定義する．そのうえで「発想の観点」をチーム 内で確認したうえでアイディア発想を行う．近未来の視点から アイディア発想するためには，発想の観点が妥当なものでなけれ ばならない．"どのような観点でそのアイディアを発想したのか" が確認でき，その観点が妥当なものであるか点検できることが重 要である．そして，評価の段階で受容性を確認するとともに，発 想の観点の妥当性も合わせて確認する．アイディアの修正にはど うしてもこのプロセスが必要である．

　なぜ発想の観点を持つことが大事かと言うと，観点を整理して からアイディア発想を開始しないと「思いつき」ということに

なってしまうからである．もちろん，思いつきでも，できあがったプロトタイプで受容性を確認した後に修正を加えながら洗練化していってもよいのだが，当たれば良いが当たらなければ遠回りになってしまう．これは非効率でありマンパワーロスとなり活動自体に信頼性がないということで評価されない懸念がある．

　思いつきでなくビジョンや戦略に沿った良い発想を得るには，まず観点を洗い出して分類整理する，"整理した観点"をマップ形式にまとめておけば，継続的に使用しながらのアイディア出しが可能となる．観点マップはその時点の理解を形式知化したものであり，誰でも利用可能となる．形式知は定期的な情報収集などから情報をアップデートすれば，常に新鮮な，時代に合った観点を得ることができる．

　この観点マップを，未来情報を基に作れば，AUXD の意図に合った観点が得られるのである．

　この観点マップの観点マップの作り方は次のとおりである．

観点マップの作り方：
1. SF 映画や企業の未来にジョン PV（Promotion Video）などから，特徴的な未来の経験や体験で気になった部分（シーン）を抽出する．
2. シーンの目的と手段（体験そのもの）
3. 同類の着目点（〇〇することに着目している）をくくりながらラベリングする．このとき，感性を働かせて，魅力的なラベルを考えることが大事である．
4. ラベルを大分類，中分類，小分類化しながらマップを完成する．

　AUXD の成果物は，近未来のインサイトの仮説に基づく経験価値である．
　これを，研究部門や技術開発部門に提示すれば，彼らにとって

は新しい研究・技術開発ネタとなる．そして，新たな研究テーマや技術開発テーマが生まれる．そのような形で，研究・技術開発戦略へも影響を与えることになる．これを「デザイン・イン」と言う．なお，デザイン・インについては 9-1 節で詳しく解説している．

経験のコアな部分である可動型プロトタイプは，一部を体験できるだけのフェイクなソフトウェア・プログラムでできている．フェイクではあっても，研究・技術開発部門へはデータとしてスムーズに移管できる．仕様書を補完する材料としては大変効果的なものである．

6-4
UX デザインのためのイノベーティブ思考

UX デザインのために "あるべきイノベーティブ思考のプロセス" とは，ゴールデンサークル理論をあてはめて考えてみると，次のようになる．

UX デザインのためのイノベーティブ思考プロセス：
1. なぜその経験価値を届けるかを明確にする（Why）．
2. 経験価値そのものを特定する（What）．
3. 経験の流れをエクスペリエンスマップとして描く（How）．

経験価値は，インサイトを再確認し，会社・組織のコアコンピタンスを再定義しつつゼロベースでアイディア発想する．
先行的な商品やサービスの場合は，インサイト自身が判然としない（まだ芽生えていない）可能性もある．ユーザー観察を短期間で行い無理に解釈しても，ミスリード（misread）となる懸念

がある．そこで，インサイトは仮りのものとしておく（仮インサイト）．この仮インサイトに加えて，技術動向や社会動向を踏まえて未来市場のユーザーのインサイトを予見するのだ（予見インサイト）．この2つを総合的に判断して，「仮説インサイト」とする．

　　UX デザインのインサイト＝（A+B）：
　　A）仮インサイト
　　B）予見インサイト

　プロトタイプは，初期においてはペーパープロトタイプ，後期であれば可動型プロトタイプ化するなど，できるだけ具体的に描くようにする．その上で，仮想ユーザーを加えた利用品質評価やA/B テストを行い，受容度を確認する．どちらも，受容性を判断する上で十分な利用者数を確保できるとは限らないが，客観化することで冷静な判断ができるようになる．このような方法で，イノベーティブな UX デザインを行うのである．

参考文献 ほか

[1]「農林漁業の6次産業化」http://www.maff.go.jp/j/shokusan/sanki/6jika.html

[2] 横浜美術大学で行われた講演での発言（『実践 UX デザイン ー現場感覚を磨く知識と知恵ー』（松原幸行，近代科学社，2018 年）p.176 を参照）

[3] クリエイティブ脳とは，日々の暮らしをより良くするために創造的な発想を受け入れ，自分の頭をポジティブに思考を巡らせる土台となるものでる．『実践 UX デザイン ー現場感覚を磨く知識と知恵ー』（松原幸行，近代科学社，2018 年）5-1 節を参照．

[4] SF 映画を題材にして近未来の UX や UI を模索し提案する活動もある．このような活動をアドバンストデザイン（先行デザイン）という．自動車であればモーターショーで毎年各社から提案されているコンセプトカーが該当する．"SF からヒントを得る" という試みとして，『SF 映画で学ぶインタフェースデザイン アイデアと想像力を鍛え上げるための 141 のレッスン』（Nathan Shedroff, Christopher Noessel 著，監訳：安藤幸央，翻訳：安藤幸央，松原幸行 他，丸善出版，2014 年）が参考と

なる.

[5] 『実践 UX デザイン　ー現場感覚を磨く知識と知恵ー』（松原幸行，近代科学社，2018 年）の 2-1 節で詳しくの述べている.

[6] このようなプロトタイプを「ホットモック」と呼ぶこともある. ホットモックの「モック」はプロダクトデザインでいう「モックアップ」を指す. デザイナーが作るような静的な（クールな）モックアップ（ダミーモデル）に対して, 可動するものであるから動的であるという意味で「ホット」を加え,「ホットモック」と呼称している.

第 7 章

発想のためのツール

本章では，発想ワークを支援する様々なツール
について解説する．実際のツールについては，
URL などの参考情報をご活用いただきたい．

7-1
発想のためのツールとは

　発想のためのツールには，容易に入手できる汎用的なものと，入手が難しい特殊なものがある．

　汎用的なものでは，自作したりツールを配布しているインターネットサイトからダウンロードしたりする．

　特殊なものは，ツール提供先から購入したり，特別に製作したり，環境構築したりする．発想のためのツールはあくまでも発想を促す，つまり支援を目的とするものであり，発想自体を自動で行うようなものではない [1]．

　発想ツールは，プロジェクトの目的やメンバー構成を考慮して，最適なものを選ぶようにする．アイディア出しの経験豊かなメンバーが多い場合は，汎用的で手に入りやすいものを購入すればよいであろう．経験者が少ない場合は，ツールを使用することに夢中になってしまい本末転倒という状況も生まれるので，注意が必要である．

7-2
UX デザインを支援するツール

　本節で解説するツール群は，発想支援というよりも，UX 手法やパターン化された UX 関連タスクなど，UX デザインの活動そのものを支援するものである．これらは，誰でも入手可能な汎用的な，次の 8 種類である．なお IDEO のメソッドカードから Glagrid Toolbox までの 7 種類についてはカタパルトスープレックスのページを参考にした [2]．

- IDEO のメソッドカード
- Design Method Toolkit / Business Method Toolkit
- Hyper Island Toolbox
- Live work Tools
- 18F Methods
- Glagrid のツールボックス
- IDEO.org のツールキット
- 富士通デザインの UX カード「AIUEUX]

以下，1 つひとつ概要を述べる．

▶ IDEO のメソッドカード

米国デザイン会社の IDEO 社が開発したものである．51 のメソッド（UX 手法やタスク）がカード化してあり，表面がそのメソッドの解説，裏面が大変きれいなフルカラー画像になっている．ブレインストーミング中に適宜適当なカードをめくり，そこに示されたメソッドについてインスピレーションを得られるようになっており，これをヒントにデザイン思考プロセスや UX 活動の計画を検討するようなシーンでの使用を想定している [3]．

なお，メソッドは，"Learn"，"Look"，"Ask"，"Try" の 4 つのカテゴリーに分類されている．iPhone アプリ版も配布されているようだ．

メソッドのカードであり，商品サービスのアイディア出しに直接使える訳ではないが，ビジュアルがきれいなので，感性は触発されるであろう．

▶ Design Method Toolkit と Business Method Toolkit

アムステルダムの MediaLAB Amsterdam [4] という産学協同デザインを推進する機関が作ったツールキットである．

Design Method Toolkit は，60 のデザインメソッドがまとめてある．こちらは，画像ではなく抽象化したアイコンが描かれてい

る．IDEO カードに比べて記述がないので，UX デザインの経験者でなければ使用は難しいであろう．

Business Method Toolkit は，「5 フォース分析」とか「ジョハリの窓」とか「SWAT 分析」など，30 のビジネスメソッドがまとめられている．ビジネスのメソッドがまとめられているものは少ないので，事業展開を検討するようなシーンでは役立つであろう．

どちらもオンラインバージョンが公開されているので，手軽に利用できるであろう．それぞれのページは次のとおりである．

・Design Method Toolkit
https://medialabamsterdam.com/toolkit/
・Business Method Toolkit
https://medialabamsterdam.com/businesstoolkit/

こちらも IDEO メソッドカードと同様，商品サービスのアイディア出しに直接使える訳ではなく，あくまでもデザインメソッド，あるいはビジネスメソッドを知ることが目的となっている．

なお，アナログ版はこちらから入手可能である．
https://designmethodtoolkit.shop

▶ Hyper Island Toolbox

Hyper Island Toolbox は，イノベーションを行う知恵のようなものが 75 にまとめられているメソッドカードである．イノベーティブな発想に役立つものもあり，メソッドのアイディアという意味では使えるカードである．オンライン版しかないが，そのURL は次のとおりである．

Methods & Tools curated by Hyper Island
https://toolbox.hyperisland.com

これは，ブレインストーミングのウォームアップの際に使用するとよいかもしれない．

▶ Live work Tools

Live work とは，ロンドンを中心としてワールドワードで事業展開しているサービスデザインに特化したデザイン会社である．Live work は開発したツールには，UX デザインの 17 のメソッドがパターン化されている．次がその 17 種類である．

- ・ホットスポットマップ
- ・エクスペリエンスマップ
- ・組織影響分析
- ・サービスシナリオ
- ・クロスチャネルマップ
- ・実生活でのレビューおよびフィードバック
- ・サービスブループリント
- ・ハイレベルデザイン
- ・ライフサイクル
- ・ワークショップの計画
- ・デザインワークショップ
- ・サービスシナリオを考えるワークショップ
- ・ワークショップの振り返り
- ・カスタマーインタビュー
- ・シャドウイング
- ・カスタマープロフィール
- ・スケッチ

以上は，Live work 社のページより抜粋したものである
URL：https://www.liveworkstudio.com/tools/
ツールそれぞれに，解説とサンプルが掲載してある．しかし，サービスデザインメソッドのすべてがあるわけではなく，たとえば「ステークホルダーズ マップ」などは記載されていない．サービスデザインには，コンテクスチュアル・デザインで行う「ワークモデル分析」が有効なので，もう少し広く捉えたほうが

よい［5］．どちらかというと，Live work 社のコンサルティングメニューのような感じである．

▶ 18F Methods

18F は，米国連邦政府機関の 1 つである「ゼネラルサービス管理」という部門で（https://18f.gsa.gov），企業の様々な課題解決のための技術開発支援を行なっている．この 18F が，企業の HCD 導入を支援するものとして，ツールをオンライン提供している．

5 種類のカテゴリーごとに，たとえば Discover であれば Bodystorming（ボディーストーミング：即興的に身体を動かしながらインタラクションを体感する手法）Cognitive walkthrough（コグニティブ ウォークスルー：ユーザーの代表的なタスクを観察しインタビューを行いながら実生活における問題点や真のニーズを探る手法）などのメソッドを紹介している．Discover の中には，KJ method などもある．

ツールのカテゴリーは次の 5 種類である．なお，カテゴリー名の後の数字は，紹介しているメソッドの数である．

- Discover（7）
- Decide（6）
- Make（3）
- Validate（4）
- Fundamentals（3）

メソッド数が全部で 23 と少ないが，必要最低限のメソッドに限定して掲載しているという点が，政府機関の仕事である特徴のようだ．これから HCD を導入しようとしている企業にとっては基本をおさえるという意味で十分であろう．18F Methods は次のページに掲載されている．

https://methods.18f.gov

なお，18F Methods を日本語に翻訳したサイトも存在している．
Catapult Suplex 提供
イノベーションのツールボックス
　　https://www.catapultsuplex.design

　18F は，情報アーキテクチャの弊害について述べていて，「アーキテクチャよりも設計を重視しよう」とも提案している [6]．大変興味深い点である．

▶ Glagrid のツールボックス

　HCD や UX デザイン分野で活動している日本のデザイン会社である Glagrid 社（http://www.glagrid.jp）が開発したツールボックスで，同社がコンサルティングや調査活動に使用するツールをオンライン公開している．ツール数は 16 種類と少なめだが，コンセプトシートとかアイディアシートなど，直ぐ使用できる便利なテンプレートもあり，すべて日本語である点も含めて重宝する．
　ツールボックスが掲載されているウェブページは次のとおりである．
　　http://www.glagrid.jp/toolbox/

▶ IDEO.org のツールキット

　米国デザインファームである IDEO 社が設立した NPO である IDEO.org が提供しているツールキットには，「イノベーションを起こすための」という意義が述べられている．日本の「アイリーニ・デザイン思考センター」という組織が日本語公開サイトを編集し公開している．なお，サイトには「3 ステップ・ツールキット」とあるが，「3 プロセス」の誤りであり，各プロセスごとに 5 から 6 のステップがある．
　IDEO は，"イノベーションの要はデザイン思考" だとしており，その意味から次の 3 つのプロセスを重視している．そのプロセスごとに具体的なステップとメソッドを設けている．

以下は，アイリーニ・デザイン思考センターのページから引用したものである（行頭番号名や末尾の言い回しは訂正してある）．

プロセス 1.　　HEAR（理解）
ステップ１　デザイン課題を明らかにする．
ステップ２　既存知識を確認する．
ステップ３　話すべき人々を明らかにする．
ステップ４　調査方法を選ぶ．
ステップ５　インタビュー手法を開発する．
ステップ６　考え方を育てる．

プロセス 2.　　CREATE（創造）
ステップ１　アプローチを開発する．
ステップ２　ストーリーを共有する．
ステップ３　パターンを特定する．
ステップ４　機会領域の作成する．
ステップ５　新しい解決策をブレインストーミングする．
ステップ６　アイディアを形にする．
ステップ７　フィードバックを集める．

プロセス 3.　　DELIVER（実践）
ステップ１　持続可能な収入モデルを開発する．
ステップ２　解決策実行のための能力を明らかにする．
ステップ３　解決策のパイプラインを設計する．
ステップ４　実現のためのスケジュールを作る．
ステップ５　小さな実験と繰返しの計画する．
ステップ６　学習計画を立てる．

IDEO.org とアイリーニ・デザイン思考センターのウェブページの URL は次のとおりである．
　　　IDEO.org ＞ https://www.ideo.org
　アイリーニ・デザイン思考センター
　　　https://designthinking.eireneuniversity.org

IDEO.org の活動は，ソーシャルセンタードデザインの側面も併せ持ち素晴らしいものである．以下，ツールキットの掲載ページからダウンロードできる PDF も綺麗で見応えのあるものなので参考にしてほしい．

https://designthinking.eireneuniversity.org/index.php?ideo

▶富士通デザインの UX カード「AIUEUX」

　富士通デザインでは，UX デザインを社内に普及させるためにカードを作成し，社内の関係部門に配布したり，ワークショップでアイディア発想の切り口に使ったりしている．カードは，UX とは何なのか，どんな活動があるのかなどを一点一様でビジュアルに表現してある．

図 7-1　富士通デザインの AIUEUX カード
（出典：富士通デザイン株式会社）

7-3
アイディア発想のためのツール
（アプリケーションなど）

スマートフォンのアプリケーションや Web サービスなど，ア
イディア発想のために入手できるツールは非常に多い [7]．本
節では，書籍情報と簡単な説明を述べるにとどめる．興味のある
方は，自己責任でダウンロードなどをお願いしたい．

・MandalArt
マンダラート法の iPhone/iPad 用のアプリケーション．公式ウェ
ブサイトでマンダラート法の詳しい解説も見ることができる [8]

・マンダラート
マンダラート法の Android 用のアプリケーション

・Otani Mandal art
マンダラート法の Android 用のアプリケーション

・Connecting Dots
スティーブ・ジョブス（Steve Jobs）氏のスピーチから派生した，
ひらめいたものをドット化してならべ，ランダムに配置変えしな
がらアイディア検討できる．iPhone/iPad 用のアプリケーション
（有料）

・IdeaStars
アイディアをランク付けしてアイテム同士の相性を比較しながら
アイディア検討できる Android 用のアプリケーション

・IdeaGrid
マンダラート法の iPhone/iPad 用のアプリケーション

・ひとり会議
自分が発言し自分で答える，チャットふうのやりとりで思考を整
理するアプリ．AI 技術を使用している．iPhone/iPad 用のアプ
リケーション [9]

- **アイディアミキサー**
オズボーンのチェックリストが使える iPhone/iPad 用のアプリケーション [10]
- **ひとりブレスト**
1 人でブレインストーミングを行えるオンラインサービス．企画テーマを入力して「スタート」すると様々な質問が投げかけられ，その都度メモを取りかがら企画案をまとめていく
- **Coggle**
マインドマップ用のオンラインサービス [11]
- **bubbl.us**
ブレインストーミングとマインドマップ用の海外のオンラインサービス
- **Post-it® Plus**
付箋紙の「ポストイット」を使った思考整理ができる iPhone/iPad 用のアプリケーション [12]

　直接的にモノやコトのアイディアを発想するものではないが，社会文化的な新しい動きを発想するものとして，電通株式会社が発表している「ミラクルワードカード」というものがある [13]．

　これは，「24 時間〇〇」とか「いきなり〇〇」「〇〇担当大臣」など伏せ文字と修飾語で構成されたキーワードが 100 枚程度あり，ブレインストーミングメンバーが任意のカードを 10 枚ほど選んで持ち寄り，各カードの「〇〇」の部分を発表し，お互いに連想しながら，企画アイディアをジャンプさせるものだ．

　たとえば，最近話題となった「泊まれる本屋」であるが [14]，この"泊まれる"という修飾語を利用して,「泊まれる水族館」「泊まれるガソリンスタンド」などアイディア展開するというやり方である．

　社会現象や流行の言葉をきっかけに視点を変えるという発想が面白いが，具体的な経験のアイディアを発想するものではなく，あくまでの新しい切り口を求めるものである．アイディア発想に

煮詰まったときに利用してみるのがよいであろう．

7-4
アイディアシートについて

　アイディアシートは，ひらめいたアイディアを書きとめておくためのもの（紙）である．アイディアを記録するだけならどんなシートでもよいのだが，チーム発想を行う場合は，アイディアをメンバー全員で共有したり評価したりする作業をやりやすくするために，専用のシートを用意すると効果的であり効率的でもある．

　アイディアシートのテンプレートについては，「アイデアシート」で検索するとたくさん出てくるので [15]，ここでは著者のテンプレートだけを紹介する（図 7-1 参照）．

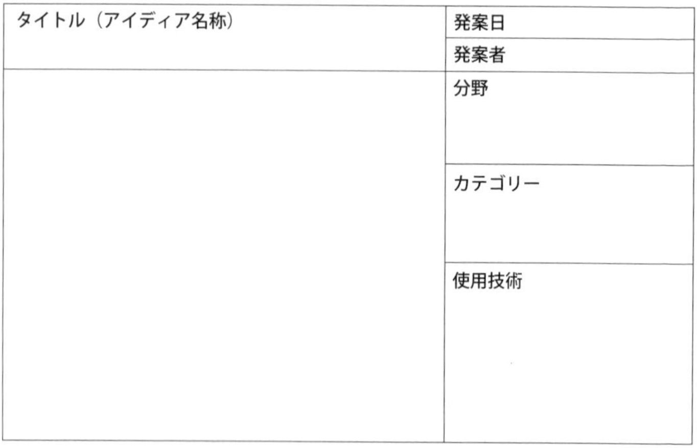

タイトル（アイディア名称）	発案日
	発案者
	分野
	カテゴリー
	使用技術

図 7-2　アイディアシートのテンプレート（図 4-3 の再掲）

　本シートは，UX デザインだけではなく汎用的に使用するためのものである．よって経験価値を書き出すような欄は設けていないが，代わりに，アイディアを分類するための欄（事前か発想

中に分類カテゴリーを作る）や，日付や発案者名を記載する欄を設けてある．日付や発案者名は，後に知財化を行う際に必要となる（9-2 節参照）．

7-5
アイディア発想に関する書籍

アイディア発想を支援する書籍には様々なものがあり，とても全ては網羅できないが，代表的なものをいくつか紹介する．

- 『101 デザインメソッド ― 革新的な製品・サービスを生む「アイデアの道具箱」』（Vijay Kumar 著，渡部典子訳，英治出版 , 2015）
- 『アイデアのつくり方』（ジェームス W. ヤング著，今井茂雄訳，CCC メディアハウス，1988）
- 『ビジネスフレームワーク図鑑　すぐ使える問題解決・アイデア発想ツール 70』（株式会社アンド，翔泳社，2018）
- 『アイデア・メーカー：今までにない発想を生み出しビジネスモデルを設計する教科書＆問題集』（山口高弘，東洋経済新報社，2015）
- 『アイデアスケッチ ―アイデアを〈醸成〉するためのワークショップ実践ガイド』（James Gibson 著，小林茂訳，他，株式会社ビー・エヌ・エヌ新社，2017）

7-6

特殊なツール

アイディア発想を促す装置や環境がある．これらは IT 技術を利用したシステムであり，アイディアの外在化を助けたり，関連資料を見つけて発想に役立てたりすることを意図している．

■発想を助ける空間

1つの事例として 9-1 節「デザイン・インのプロセス」で紹介するシステムを基に紹介する．仮に「コラボレーション・システム」と命名しておく．本システムは，コラボレーションを助けることと，アイディア発想を支援し，発想したアイディアを保管し再活用するなどを意図している．

このシステムは，人が中に入る空間であり，上部に，ジェスチャーセンサーやカムコーダーや一眼レフカメラを設置してある．アイディアも付箋紙ではなく画面に電子ペンで書く．取り込んだアイディアを即座に盤面に投影して共有するなど，協調作業の「場」をつくることを想定している．まさに"コラボレーションの場"である．

2つ目は，新オフィス研究センター（NEO）の研究プロジェクトから生まれた「トピックビジュアライザー」というもので，アイディアを共有し発想を促す仕組みを持つ空間である．円卓に着席した参加者の背面に，参加者が描いたアイディアが即座に投影される．その投影されたアイディアを他の参加者がタイムリーに共有することで，発案者の思考が理解でき，またそのアイディアからの一部借用やヒントを得ることなどがスピーディーに可能となるものである．

残念ながら，これら装置は実験段階のもので商品化はされていないが，今後，類似の環境型装置が生まれるかもしれない．また，

企業が特別にしつらえた環境などもあるので（後述の XEROX Parc の Liveboard カンファレンスルームなど），ニーズは確実に存在すると思われる（図7-3）．

図7-3 「トピックビジュアライザー」
（出典：新世代クリエイティブシティ研究センターの研究プロジェクトより, 2008年）

　どちらもタイムリーさを重視している点は興味深い．アイディア出しを妨げないためには，即時性が大事である．ところが，あまり多くの情報を共有しようとすると，情報処理に負荷がかかるので，必要最低限の情報に限るほうがよい．このあたりがポイントである．

　残念ながら，これらは実験段階のもので商品化はされていない．しかし，今後も類似の環境型装置が生まれるであろう．また，企業が特別にしつらえた環境などもある．米 XEROX 社 PARC の「Liveboard カンファレンスルーム」は，最も古い環境装置である（1991）．「ユビキタス環境」と称したもので，バックヤードで研究員の行動・PC 入力・居室への入室などを記録し，カンファレンスへフィードバックする．たとえば，話を聞きたい人にいつでもコンタクトして Liveboard を通じてカンファレンスに参加してもらったり，協調作業を行ったりすることができる [16]．

　このような環境に対するニーズは確実に存在すると思われる．

今後，AI が進化し量子インターネット［17］などが実現すれば，環境型装置も実用化されやすくなるであろう．

■発想を助ける装置

市販されているシステムとしては，米 Microsoft のテーブル型デバイス「Surface」が典型的なものである．2007 年に発売されたが，30 インチディスプレイがデリケートであるため調整が難しいとか，価格が高額などの点で普及しなかった．現在では，生産されておらず，Surface の名称すら新型のラップトップ PC に明け渡している．やはり，この手の装置を市販する難しさを感じさせる．

7-7
UX デザインのための発想ツール

UX デザインの関連タスクや活動を支援するものについては，「メソッドカード」と呼ばれるツールが多数あり，市販もしくはウェブサイトで公開されている．UX デザイン活動にヒントを得たい場合には役に立つであろう．使うシーンを考えると，ウェブサイトで見るよりも，物理的にカード化されているほうがやはり使い勝手がよい．

その意味では「IDEO のメソッドカード」や「Design Method Toolkit」は魅力である．これらのカードをブレインストーミングの中で UX 活動の計画を練る，というような使い方である．個人的には，日本語でできた富士通デザインの「AIUEUX カード」が市販されれば嬉しいのだが．

UX デザインのアイディア発想に役立つツールとしては，7-3 節で詳しく解説している．マンダラート法を扱った「MandalArt」

「マンダラート」「Otani Mandal art」「IdeaGrid」の 4 種は，強制発想法を補うものとして有効であろう．ただし，内容がモノ寄りなので，UX デザインで期待するコト発想には向かない．経験の中で製品やシステムを使用するような部分に対して広がりを得たいような場合など，使う箇所や使い方は慎重に考えなければならない．

UX デザインのアイディア発想には，ツールというよりも，2-4 節で述べた「シナリオに基づくアプローチ」で解説した「ビジョン提案型シナリオ手法」や 6W1H などのフレームワークを用いるのが良いと考える．フレームの雛形をテンプレート化しておいて，これに沿ってアイディアを出すなど，ツールとして使用するやり方である．

新たに発想した経験のアイディアに対して何かネーミングを付けたい時，電通の「ミラクルワードカード」のような発想のジャンプを促すツールは有効かもしれない．

先行的な UX デザインを行う場合は，6-3 節で解説している「観点マップ」があると，スムーズに発想に入ることができる．是非一度作成してもらいたいものである．観点マップの作り方も 6-3 節を参考にしていただきたい．

参考文献 ほか

[1] AI が進化すれば，たとえば，エクスカーションを自動で行ってくれるような仕組みはできるかもしれない．デザインを自動化するとの話も出ている．「AI がデザインする時代が到来！デザイナーはこれから何をデザインすればいい？」 https://ferret-plus.com/7241

[2] 「IDEO からアメリカ政府機関までデザイン手法コレクションいろいろ」 https://www.catapultsuplex.com/entry/ideo-method-card

[3] IDEO Method Cards https://www.amazon.co.jp/IDEO-Method-Cards-Inspire-Design/dp/0954413210

[4] MediaLAB Amsterdam のホームページ https://medialabamsterdam.

com/home/

[5] ワークモデル分析については，次のページを参照のこと．「ワークモデル分析」 https://u-site.jp/service-design/work-model/「ユーザー行動を構造的に分析するための 5 つのワークモデル」 http://gitanez.seesaa.net/article/56998373.html

[6] 「アーキテクチャよりも設計を重視しよう」 https://postd.cc/choose-design-over-architecture/

[7] 「アイデアに行きづまったときに思考を助けてくれるアプリ＆ツール 7 選」 https://futurizm.jp/articles/106

[8] 公式 MandlArt サイト　http://mandal-art.com

[9] 「ひとり会議 - チャット形式でアイデア整理やシナリオ書きに」 https://itunes.apple.com/jp/app/id1019096446#?platform=iphone

[10] アイディアミキサー（App Store ページ）　https://itunes.apple.com/jp/app/id729313017?mt=8&ign-mpt=uo%3D4

[11] 「coggle とは？これは便利！オンラインのマインドマップ作成・共有ツールの使い方」 https://ferret-plus.com/8218

[12] Post-it® Plus（App Store ページ）　https://itunes.apple.com/jp/app/post-it-plus/id920127738?mt=8

[13] 「飛躍したアイデアを生む「ミラクルワードカード」いかがですか？」 https://dentsu-ho.com/articles/6289

[14] 「BOOK AND BED TOKYO」 http://www.bookandbedtokyo.com/tokyo/index.html

[15] 検索語は「アイディアシート」よりも「アイデアシート」のほうが良いようである．

[16] Liveboard カンファレンスルームの様子（Peter Menzel 氏撮影，コピーライト：Peter Menzel www.menzelphoto.com） http://menzelphoto.photoshelter.com/image/I00003KD_md5A3fs

[17] 「量子コンピュータの力をさらに増幅できる「量子ネットワーク」」 http://www.atmarkit.co.jp/ait/articles/1811/27/news096.html

第 **8** 章

アイディアの収束

本章では，アイディアの評価から始まって，アイディアを整理し収束させるための手法を解説する．

<h1 style="text-align:center">8-1</h1>

アイディアの評価

　アイディアを評価する手法はあまり多くはなく，ここでは「シンプルな投票」「バタフライテスト」「系統的な評価」の 3 つを紹介する．これらは，すべて定性的な評価である．定量的な評価を行いたい場合は，バタフライテストを配点形式で数値化する方法が考えられる．また，一考として「インサイトへの適合度」を数値化して採点する方法も合わせて紹介する．

■シンプルな投票
　発想したアイディアに，シンプルな投票を加える方法である．手順は次の流れで行う．

シンプルな投票の手順：
1. 全てのアイディアを一覧できるように掲示する．
2. 参加者が良いと思うアイディアについて，1 人 5 件というような条件で丸をつけていく．
3. 丸がいちばん多くついたアイディアを選択する．

　この方法は，短いインターバル（5-1 節参照）でアイディア出しを行う場合の途中段階の評価として使用し，最終判断は次のバタフライテストを使うなど，複合的な方法が考えられる．

■バタフライテストとペイオフマトリックス
　アイディアを評価する代表的な方法としては，「バタフライテスト」がある．
　バタフライテストは，大量のデータから重要な洞察を引き出すのに有効である．付箋紙を投票用紙に使用し，投票用としてカラー付箋紙を貼りながら評価を進める（図 8-1）．

手順としては次の通りである．

バタフライテストの手順：
1. まず，2色の小さな付箋紙を用意し，それぞれ「実行しやすいもの（A）」と「効果が高いもの（B）」とする．
2. AとBの付箋紙の各3〜5枚をメンバーに配布する．
3. アイディアを分類した項目の付箋紙に，まずAの付箋紙，次にBの付箋紙を貼る（2〜5分）．項目に「その他」がある場合は，これを省いて行う．
4. 人気のあるアイディアを確認する．
5. 次に，アイディアを記した付箋紙の方に，Aの付箋紙とBの付箋紙を貼る（2〜5分）．

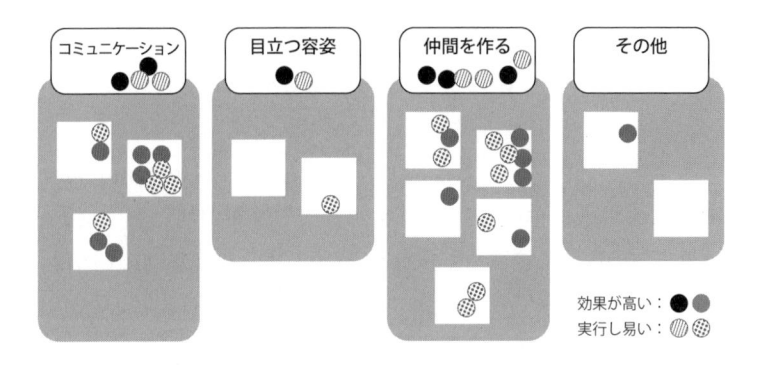

図8-1　バタフライテスト

　投票されない（評価の付箋紙が貼られない）アイディアは，支持されないものということになる．多く投票されたアイディアは，支持されたものであり良いアイディアであるとみることができる．

　さらに評価を加え，結果をまとめる手法として「ペイオフマトリックス」がある．これは，バタフライテストに投票した，実行しやすいか否か，あるいは効果が高いか否かの2つの側面で投

票結果を整理する手法である（図8-2）.

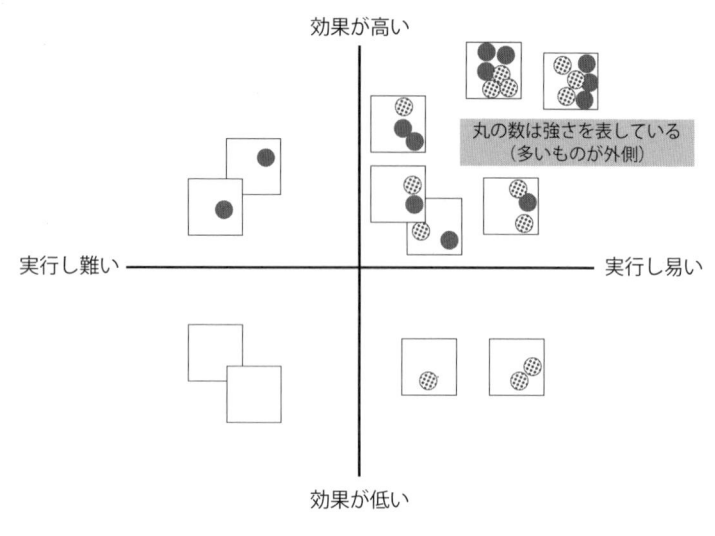

効果が高い

丸の数は強さを表している
（多いものが外側）

実行し難い ———————— 実行し易い

効果が低い

図8-2　ペイオフマトリックス

　ペイオフマトリックス上では,「実行しやすいもの（A）」は全て上部の象限に位置づけられる. また「効果が高いもの（B）」は全て右の象限に位置づけられる.支持を得られなかったものは,左下の象限に位置づけられる. この結果を見ながら, アイディアの評価結果を確認するのである.

■系統的な評価

　『ハーバード・ビジネス・レビュー』誌では, デザイン思考に対して生物の進化を「進化思考」という形で当てはめている. これによると進化思考の知見は,「系統」「共生」「淘汰圧」の3つである. 著者は, アイディアの評価にこの系統をヒントにした手法として「系統的な評価」を提唱している.

アイディアの系統的な評価

系　統：既存の商品（製品・サービス）の枠組みの中でマイ
　　　　ナーチェンジもしくは更新されるアイディア.

共　生：新規の商品アイディアだが、既存の商品群と共に
　　　　共存するアイディア.

淘汰圧：既存の商品群を破壊し、新たなトレンドとして位置
　　　　づけられる可能性が高いアイディア.

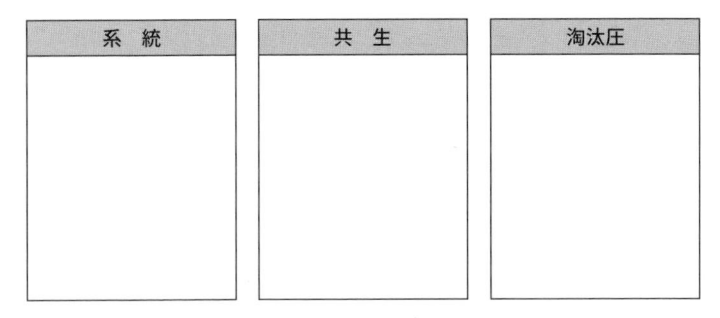

系　統	共　生	淘汰圧

図 8-3　アイディアの系統的な評価

　過去から現在，そして未来へと続く事業の文脈性を踏まえて，アイディアを系統的に抽出しまた整理するというものである．現実の議論の中でも「継承」とか「レガシー」などと系統性を重視することがあるが，現事業にあるアイディアも含めて「進化系統図」という形で，過去から進化してきた製品やシステムやサービスを整理し，その文脈上に，現在の次，その次，またその次というように新たに発想したアイディアも整理する．これにより，社内での理解も得やすいものとなる．

　解剖学的な系統というものもある．システム的に関連するアイディアや周辺のオプションなど，関係性を考慮しながらアイディアを整理するのである．いわば生態系を描くように，関連サービスやオプションなどを整理する方法である．

　系統的な評価は，現路線を継承した新商品（製品・サービス）群を「群企画 [1]」する場合などに有効である．

■インサイト適合度

インサイト適合度とは，発想したアイディアがユーザーのインサイトへどの程度，適合しているかを評価しようとするものである．ペルソナに該当するか近いユーザーを対象ユーザーとして，インサイトの適合度を測るのである．

その方法は次のようなものだ．

インサイトの適合度を測る手順：

1. アイディアを，スケッチやショートムービーなど一般のユーザーにも分かりやすい表現で可視化する．
2. 設問を用意する．設問内容な次の2つを柱とする．
   ①もしこのような経験ができたら良いと思うか．
   ②このような経験をしてみたいか．
3. 設問を基に，5件法または6件法の質問紙を作成する．
4. アンケート評価を実施して集計し，どのアイディアの得点が高いか有意差判定する．

5件法の場合は「とても当てはまる」「やや当てはまる」「どちらでもない」「やや当てはまらない」「全く当てはまらない」である．

日本人は「どちらでもない」が多いとよく言われる．欧米人や中国人が10%〜20%であるのに対して，日本人は40%前後と言われる．より明快な判定結果を得たい場合は，偶数件法を適用して，6件法または8件法とする．

6件法の場合は「どちらでもない」を除き，「とても当てはまる」「当てはまる」「どちらかというと当てはまる」「どちらかというと当てはまらない」「当てはまらない」「全く当てはまらない」とする．つまり，それぞれの側の選択肢を増やすことで，「どちらでもない」がなくても選択できるようにするのである．

なお，可視化されていない場合は判定し難く，心理的なバイアスによる判断ミスが増える懸念がある．やはり，一般ユーザーに問う場合，可視化は必要不可欠である．

8-2

アイディアの収束

アイディアを収束させる方法として，「KJ 法」，「評価グリッド法」，「セブンクロス法」，「6W1H 法」，「プロトタイピング」，を解説する．

■ KJ 法

アイディアの収束技法としてビジネスシーンで広く普及している情報整理術の１つである．文化人類学者である川喜田二郎氏が自身の調査データをまとめるために考案したもので，頭文字をとって「KJ 法」と命名されている．

バラバラに集められた大量の情報から整理・分類・統合を行い，最後にその情報群の意味や全体概念を結論として得ることを目的としている．

手順としては，①カードの作成（単位化），②グルーピング（統合化），③並べ替え（図解化），④言語化（文章化）となっている．

KJ 法の手順：

① カードの作成

　1 アイディア，1 情報につき 1 枚のカードを使用する．

② グルーピング

　グループの意味合いや脈絡を考えながら，小分類，中分類，大分類とグルーピングを繰り返す．最終的に 10 個程度の大グループにまとめるのが良いと言われている．

③ 並べ替え

　全知の位置関係を考えながら，意味が近いものを近くに，遠いものを遠くに配置して，全体を俯瞰できるようにする．また，大グループや島の相関性を矢印で図示しながら統合化の方向性を検討する．

④ 言語化

　全体の関係を文書化する．文章は，解決方法であるアイディアが，問題の本質的な解決に繋がって入れば成功である．

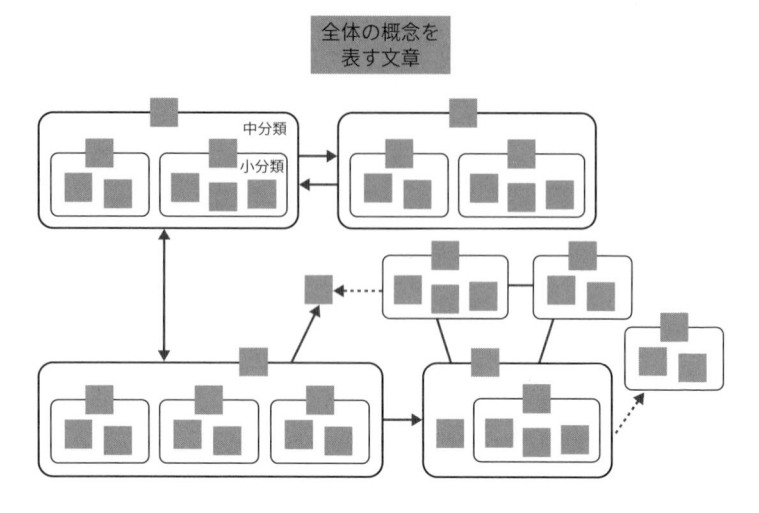

図 8-4　KJ 法：大／小分類を経て全体の抽象概念を得る

　KJ 法のメリットは，一言で言うと"概念の言語化"である．抽象的な概念を言葉で得ようとするとき，記憶や想いの断片とアイディアを付箋紙に 1 件 1 シートで出していき，上記の作業を行ったうえで，集大成として 1 つの言葉・文章を得るのである．
　KJ 法は，企画立案や組織の課題抽出にも使用できる，大変汎用性の高い方法である．

■評価グリッド法の応用

　評価グリッド法とは，人が事象を知覚しそれをいかに評価したか，その認知構造を同定するための手法である [2]．この手法を，発想を整理・収束させるための手法として応用する．
　発想で得られた中心となるアイディアを基に，その根源的な欲求を知る行為と，より具体的なアイディアを発想する行為の 2 方向で整理する．たとえば，部屋でくつろぐためのアイディアとし

て「自然豊かな TV プログラムを大画面で観る」という発想があるとして，それは「自然の雰囲気に浸りたい」とか「自然を味わいたい」という本質的な欲求があるであろう．また，「4K 映像のTV プログラム」が良いとか，「65 インチ程度の有機 EL 画面」が欲しいなど，より具体的なアイディアが導かれる．デザイン的にも「額のようなデザイン」にしたら素敵であるなど，デザインコンセプトとも紐づけることができる（図 8-5）.

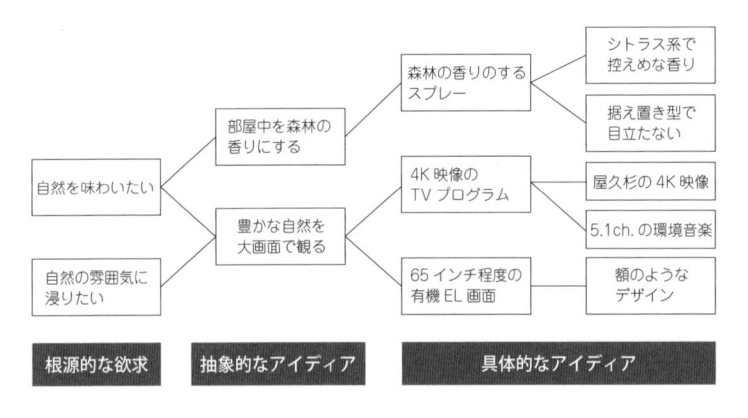

図 8-5　評価グリット法の例

　評価グリッド法を応用することで，発想したアイディアを整理するとともに欠けていたアイディアを補強・追加したり，インサイトとの関係を確認したりすることができる．チーム発想で用いれば，メンバー間のコンセンサスも取りやすいであろう.

■セブンクロス法
　セブンクロス法とは,7 項目かける 7 項目のマトリックスを使った思考方法であり，米国のコンサルタントであるカール・グレゴリー（Carl E. Gregory）氏が考案した，アイディアを整理する手法である.
　マトリックスは図 8-6 のように作成する．横軸の 7 項目には，アイディアを分類した項目を用い，左から右へ重要度の高いと思

われる項目から順に並べる．縦軸には，生み出されたアイディア
をそれぞれの項目ごとに上から下へ重要な順に並べる．したがっ
て，一番左の上が最も重要なアイディアということになる．

	円滑なコミュニケーション	環境・設備を充実させる	モチベーションの向上	チームワークの活性化	・・・・・	・・・・・	・・・・・
1	声を出して挨拶	集中できる空間	目標の見える化	ブレインストーミングを奨励	○○○○○○	○○○○○○	○○○○○○
2	発言の機会を増やす	高	インター制度	イントラネットの活用	○○○○○○	○○○○○○	○○○○○○
3	上司からの声がけ	トイレのリフォーム	○○○○○○	○○○○○○	○○○○○○	○○○○○○	
4	15分の朝会	スマートフォンを職場で！	○○○○○○	重要度	○○○○○○	○○○○○○	○○○○○○
5		最新OSの導入	○○○○○○	○○○○○○	○○○○○○	○○○○○○	
6	○○○○○○	○○○○○○	○○○○○○	○○○○○○	低	○○○○○○	
7	○○○○○○	○○○○○○	○○○○○○	○○○○○○	○○○○○○	○○○○○○	

図 8-6 セブンクロス法

アイディアの分類語はあらかじめ用意されているわけではな
く，発想したアイディアを分類し，KJ 法のようにグルーピング
して適当なキーワードを与えなければならない．重要度の判断方
法なども定義されていないため，チーム内で合議する必要がある．
これらについては相応の経験が必要となるである．セブンクロス
法活用の成否は，ファシリテーターの経験に左右されるであろう．
手順としては次のとおりである．

セブンクロス法の手順：

1. アイディアを分類して横軸に 7 項目を抽出する（このとき，
   アイディア整理は行わない）．
2. 横軸の 7 項目の重要度を考慮し，左から右に並べる．
3. 上記 7 項目ごとに，アイディアの重要度を考慮して上から
   下へ並べる．
4. 全員でマトリックスを見て評価し，アイディアの過不足を

点検する（適宜に入替えや追加なども行う）.

■ 6W1H 法

6W1H は，体験的 UX を整理するものとして有効である．6W1H のそれぞれの言葉は次のとおりである．

6W1H とは：
- When（いつ）
- Where（どこで）
- Who（誰が）
- Whom（誰に）
- Why（なぜ）
- What（何を）
- How（どのようにして）

テーマ自体に「通勤時間帯に」のように When に相当する内容がある場合は，「When」の項目は省いてもよい．また自己完結するシナリオの場合には「Whom」の項目は省いてもよい．

アイディアを発散しながら整理し，追加したり再利用したりしながら「経験のシナリオ」を完成させるようにする．6W1H に対応するものが生み出せれば，1 つのシナリオが完成したことになろう．シナリオを作成するかたちでアイディアを収束させることは，新たな経験価値を確認しやすいとも言えるのである．

■ プロトタイピング

プロトタイピングは，プロトタイプ（原型・基本型・手本・模範）と，そのプロトタイプを取り巻く PDCA（Plan，Do，Check，Act）の業務プロセスのことである．しかし，ここで着目したいのは，PDCA の C．つまり「評価」についてである．

プロトタイプは，1 つまたは複数のアイディアが，かなり具体化した状態で存在している．これを用いて評価することで，アイ

ディアを最終的に収束させることができる．評価には，実験協力者を用いたユーザビリティ評価の形式をとることが多いが，問題がはっきりしている場合はプロジェクトチーム内でセルフ評価とする場合もある．前者の場合は「検証」の意味合いが強くなり，後者の場合は「工程の区切り」という意味合いが強い．

　次に，代表的なプロトタイピングとして，「ペーパープロトタイピング」と「オズの魔法使い」を紹介する．

・ペーパープロトタイピング

　開発の初期段階で行うプロトタイピング．紙やスチレンボードや段ボールなどを用いて簡単な手作りのデザインを具体化し，アイディアの確認を行う．UI（ユーザインタフェース）画面などの場合は，画面デザインをフリーハンドで作画し，一連の操作を流れにそって確認できるようにする．UI 画面のアイディアは割と早い段階から PC で描き始めてしまうが，デジタイザーを使うならともかく，マウスとキーボードで作画する場合は，デザインの思考をステレオタイプ化してしまう懸念がある [3]．その意味で，スケッチブックとペンを使って思考するペーパープロトタイプ作りには，捨てがたいものがある．特にトレンドを変えたい場合などには有効であろう．

・オズの魔法使い

　オズの魔法使い（Wizard of Oz）は，ペーパープロトタイプとアクティング（寸劇）を組み合わせたもので，元 IBM のジョン・ケリー（J.F. Kelley）氏により 1980 年代に開発された．人が，ユーザー役・UI 役・システム役など，それぞれを演じながらサービス全体の様子を知ることが目的である．システムとユーザーとのかかわり（インタラクションともいう）の検証を通じて，ユーザー経験が妥当なものであるかを判断する．

　詳細な検討に入る前にプロトタイピングで狙いや便益などを理

解し共有化しておくと，後の詳細検討で迷いがなくなると言われている．米国の GUI デザイナーが選んだデザインツールベスト 5 の中にも「紙とエンピツ」があるのは興味深い [4]．

・収束させるマインドマップ

　トニー・ブザン（Tony Buzan）氏が提唱した「マインドマップ」は，アイディアを収束するためにも有効なものである．

　アイディアを収束させる手法としてマインドマップを使用する場合も，4-5 節「発散させるマインドマップ」の項で解説した手法を応用できる．それは，「発想テーマから連想する言葉を周囲に配置する」という手順で，アイディアをサブブランチとして，これを束ねる概念を連想するようにするのである．この，束ねた概念が「収束する概念」である，マインドマップのメインブランチとなる．

8-3
UX デザインとしてのアイディアの収束

　新しい経験のアイディアをチーム発想するような場面では，そのブレインストーミングの中でバイフライテストを行うのがよいであろう．ただし，バタフライテストも慣れないと結構時間がかかるので，その時間が確保できない場合には，メンバー数が少ないという前提で考えれば，シンプルな投票でもよいであろう．

　チーム発想でシンプルな投票を行う場合は，メンバー全員のコンセンサスを重視すべきである．単純に得票点の高いアイディアを採用するというのではなく，上位数点をチーム全員で俯瞰し議論することが大事である．その結果，最高点のアイディアをさらに微修正したもので全員のコンセンサスが得られるようであれば，恐れずチャレンジすべきである．

最終判断は，仮想ユーザーによる評価を実施して検証するなど，HCD プロセスを尊重しつつ進めるべきである．

参考文献 ほか

[1] 核となる商品やサービスと周辺に存在し関連するその他の商品やサービスを網羅的に企画すること．全てを商品化することは意図しておらず，提供する商品群の生態系を意識した企画手法である．"周辺に存在し関連するその他の商品やサービス"には，他社のものも含めて考える．

[2] 讃井純一郎氏が，心理学のレパートリー・グリッド法を改良して考案したもの．「評価グリッド法」は，讃井純一郎氏の登録商標である．実験者が，ヒアリング結果を基に，実験協力者の心理状態を分析し，その結果をグリッド状に構造化するものである．グリッド化した様子が梯子（英語で Ladder，ラダー）のようにも見えるため「ラダリング」とも呼ばれている．ラダリングは，ラダーをアップする設問と，ラダーをダウンする設問で行う．ラダーアップは実験協力者の根源的心理状態を知ろうとする設問であり，より抽象的な欲求を知ることを意図している．ラダーダウンは具体的な状態を定めていくための設問であり，より具体性のある事象を導くことを意図している．実験者は，ラダーアップとラダーダウンそれぞれの設問を行いながら，心理状態の全体像を同定していくのである．

[3] 心理学から見るステレオタイプの良い所，悪い所 http://serendipity-japan.com/stereotype-psychology-852.html

[4] The Tools Designers Are Using Today http://tools.subtraction.com/index.html

第 **9** 章

発想の先に

本章では，アイディア発想を技術開発や販売活動に結びつけたり，デザイン思考プロセスとして進化させたりする過程について解説する．「良い発想」を行う条件などについても言及しつつ，アイディア発想を PDCA という側面からみた場合の C(評価) や A(知財化) についても解説する．

9-1

製品化に向けたプロセス

　発想したアイディアは，具体化の検討や商品開発を経て，市場導入される．多くの開発組織では，開発したものの中から知的財産化できそうなものを特許出願という形で形式知化する．

　つまり，開発工程において [1]，アイディアを具体化する行為（開発行為）は，PDCA で言えば D（Do），つまり，定義された要件に沿って開発を行うこととなる．設計やデザインなどもみなこの中に入れて考えたほうがスッキリする．これはつまり，要件定義は，開発部門やデザイン部門の担当者も加わって作ることを意味している．

　日本ではこの開発における P ができていなくて，開発の見切り発車や情報が生煮えの状態で DO を行うことになり，手戻りが多いと言われる [2]．品質チェックなどは C（Check），特許出願や標準化などが A（Act）となる．整理すると次のようになる．

　　開発における PDCA：
　　Plan　　要件定義
　　Do　　　要件定義書に沿った開発（設計・デザイン）
　　Check　品質点検（ユーザビリティ評価を含む）
　　Act　　　特許申請，標準化

　具体的に検討したアイディアは，プロトタイピングを経て，開発部門へ引き渡される．いずれにしても，開発行為の中で，様々な特許権にあたるアイディアも出てくる [3]．特許権を申請する（特許出願）発明者は，実現手段を設計する開発者である場合が多いが，元のアイディアを発案したデザイナーも共同出願者として名を連ねることがある．なお，発明者は，特許請求書の明細書において，発明の内容を記載した「請求項」と言われる項目を

執筆するが，この際の協働も含めて，デザイナーが行う役割は次のとおりである．

- ・発明アイディアの検討会に出席し，アイディアの詳細を検討し，必要に応じて類似アイディア，周辺アイディアなどを抽出する．
- ・請求項に記載する斜視図・図面・スケッチなどを作成する．

逆に言えば，デザイナーが請求項の執筆自体を行うことは稀であると言える．しかし，発明アイディア検討会などへの出席を求められるのは確実だ．このような際は，アイディア発想をリーディングする絶好の機会でもある．

■デザインから開発を経て販売にいかに結びつけるか

デザイン部門は，最終的に絞り込んだアイディアを基に，デザイン案を洗練化し，情報アーキテクチャ（組込み UI の場合は，画面構成図など）や画面情報（画像ファイルや画面遷移図）を，成果物としてアウトプットする．開発部門は，これらを受けて，サービスそのものやサービスで使用する UI を開発し実装（インプリメンテーション，Implementation）する．

UI 開発の仕方によっては，デザイン部門が作成したプロトタイプからの出力をそのままインポートして実装コードとする場合もあるが，ほとんどの場合は，開発部門のインプリメンター（実装担当者）が C++ や HTML や JavaScript や Swift などでコーディングを行う．

ざっと述べると以上のような流れでアイディアは実装されていくが，問題は，デザインからの情報をコーディングする段階である．この段階でアイディアが変容する場合がある．主な原因は，インプリメンターの誤解である（誤解を招くようなデザイン成果物が真因の場合もある）．従ってデザイナーは，アイディアが確実に実装されているかどうかをチェックしなければならない．

チェックする要点は次の3つである.

- UI 画面の遷移（指示通り実装されているか）
- システム動作（UI 画面遷移と照らして違和感がないかどうか）
- サービスの完成度（経験価値が再現されているか）

　販売段階でも，様々な問題が発生する．たとえば次のようなものである.

- サービスの概要が分かりにくく，経験価値が伝わらない.
- 元のアイディアが顧客対応に活かしにくい.
- サービスが単独で存在しており，利用者数が伸びない,
  etc.

　経験価値が伝わらない要因は，いくつか考えられる．単にサービス概要が分からないという場合から，マーケッターが経験価値をアピールできないなど，問題が単純な場合の対処は簡単である．前者の場合は，サービス概要を分かりやすく伝えるページやティップス（Tips）を用意することなどが考えられる．後者の場合は，コピーライティングを工夫して，短いセールス・センテンスを生み出すことが重要である．さらに複雑なマーケティングの手法としては，1つのストーリーを基にテレビや新聞など様々な広告メディアを横断的に考えつつ，グッズの販売などもからめて顧客にアプローチする「コンテンツ・マーケティング」などがある.

　最適なトップ画面のデザインのためには，別途，画面アイディアを検討する必要がある．また，良いセールス・センテンスについても，UX ライターを交えたコピーのアイディア出しを行うのがよいであろう.
　顧客対応を効果的に行うためには，サービスで実装したアイディアを拡張して，サービス周辺を豊かにする必要がある．その

ためには，ユーザーセグメンテーションを見直したり，サービス訴求戦略を練り直したりすることも重要である．

サービスがスタンドアロンであるために問題については，サービス連携を真剣に考えるべきである．連携するサービスは，既存サービスの場合もあれば，連携サービスを新たに事業化しなければならない場合もある．できれば前者の対処，つまり，連携すべき既存のサービスを探索して特定し，連携のためのアライアンスを締結する．単純に相互リンクなどの連携で十分な場合もあるので，連携方法を十分検討することが重要であろう．後者の，連携サービスを，別途，開発実装する方が，アイディアがシームレスに統合できるので，連携感は一番良いが，それなりに投資も増えてくる．収益性や効果なども考慮しながら決める必要がある．

■デザイン・イン

デザイン・インとは，デザイン部門が主体となって商品やサービスの先行デザインを行い，研究部門や技術開発部門や事業部門へ提案することである [4]．アイディアが既存の技術で実現できない場合は，研究部門や技術開発部門が提案先になる．既存技術で実現できる商品やサービスの場合は，事業部門へ提案する．ともあれ，デザインが先にあり研究部門や技術開発部門や事業部門へ"インする"ことから「デザイン・イン」と言うのである．

デザイン部門が先行アイディアをデザイン・インすることで，デザイン主導型の事業開発を展開することができる．従来の路線を変えるような破壊的なイノベーションを行うためにも有効な手段であると言える．提案する過程で関連部門を巻き込んでリーディングすれば，デザイン思考を普及させることにもつながる．新しい研究テーマや技術開発テーマの立ち上げに結びつけば，それらの部門へ直接貢献したことになる．デザイン・インの効果を整理すると次のようになる．

- ・デザイン主導型の事業開発の実現
- ・破壊的なイノベーションの機会創出
- ・デザイン思考プロセスの実践，および社内への普及貢献
- ・新しい研究テーマや技術開発テーマの起案への貢献
- ・知財化

■デザイン・インのプロセス

次にデザイン・インのプロセスについて概要を紹介する．

デザイン・インのプロセス：

1. デザイン部門内で新たな商品やサービスのアイディア出しを行い，体験可能なプロトタイプを制作する．
2. インプット先を探索・交渉し確定する．
3. インプット先へ先行デザインを提案する．
4. 合意点を見出しながらプロトタイプを改良し，インプット先へデザイン移管する．
5. アイディア実現を目指したフォロー活動を行う．

1つ目の体験可能なプロトタイプとは，部門外のメンバーがデザインを正しく理解するためのものである．インプット先側のリテラシーにもよるが，図や絵などの非インタラクティブな情報では理解が難しい場合が多い．「オズの魔法使い」など分かりやすく概要を伝える手法もあるが，インプット先がすべきことを的確に伝えられるわけではない．いくら言葉を屈指しても，状況は変わらない．やはり，彼らが直接体験できるものであるほうが有利である．そのための，体験可能性を重視してプロトタイプを制作する．なお，提案側の最終確認としても利用するのは言うまでもない．

2つ目の探索・交渉・確定については，個別に行脚（あんぎゃ）してもよいのだが，効率的な方法はやはり社内で「デザイン・プレゼンテーション」のような場を設けて，幹部から関連部門長まで，広く多

くのキーマン達に見てもらうことである．擬似体験のインタラクティブなセッションを含めることで，交渉が活発になる．幹部の意向や関連部門のニーズなども確認でき，これらは次回の先行デザイン開発のアイディア出しへのヒントともなる．

　3つ目のデザイン移管だが，移管するものは引き取る部門に応じて変化する．ただし，先に述べた「体験可能なプロトタイプ」は必ず含めるべきであろう．その他は，デザインの仕様書や画像情報である．

　4つ目のフォロー活動は必須ではないが，アイディアの実現という立場からはデザイン部門から要請し活動を進めるべきであり積極的に取り組んでほしい．ここでも，クライアントのニーズなどが把握できるメリットもある．

　デザイン・インのプロセスの中で，一番多いケースとして「技術開発部門との協働」について，“画面に触れずに画面切替えするインタラクション”を例に解説する．

　プロセスの概要は次のようなものである．

1. プロジェクターを用いて対象画面を投影する装置と，ジェスチャー操作を認識する画像認識の Java プログラムを有した，体験可能なプロトタイプを制作した．

2. 「デザイン・プレゼンテーション」という社内見本市を企画し，社内広くから見学者を募って開催した．この中で技術開発部門から新規技術開発テーマとして検討したいとの申し出があった．

3. 技術開発部門内に装置を移動して，改めて評価体験を実施した．移管物としてはプロトタイプ用の Java コード，プロトタイプ仕様書，画面集，遷移図などであった．

4. 技術開発部門内で，新たな画像処理センサーの技術開発開始．テーマの仕様検討会にメンバーとして2名が参加し，助言や新たなアイディア出しに協力した．

1つ目であるが，システムはブレインストーミングに飛び入り参加する場合など PC を所有していない場合を想定していて，ブレインストーミングを PC レスで円滑に行うことを経験価値としている．

2つ目のデザイン・プレゼンテーションは，著者が所属した組織でも毎年行っており，総見学者数およそ 1,000 人近くの内訳は，役員および社員，関連会社の幹部などである．インプット先については，このアイディア出し段階から模索を開始している．なお，プレゼンテーションの場で使用するショートムービー 2 本も制作している．

3つ目で示したような可動プロトタイプを制作するためには，Java などのコーディングが行える人材も必要である．このように，デザイン・インを行う組織内にはデザイナーだけでなくエンジニアも在籍したほうが，より精緻な活動ができる．

これは一例であり，商品やサービスの種類に応じて実現方法は変わるものと考える．ウェブサービスを想定すれば，機材は PC とサーバー程度になるであろう．大掛かりな装置を模したものであれば，フレーム構造の仮設物が必要になったりする．いずれにしても，プロトタイプの仕様は，デザイン・インする提案の内容に依存したものとなる．

9-2

知財化

知財化は，PDCA の A（Act）に該当する活動である．日本は先願主義であるので，発明や実用新案になりうるようなアイディアの場合は，積極的に特許出願するほうがよい．これは，多くの会社組織で，出願数を成果指標としていることからも言えるのだ．

ただし，出願するための明細書をデザイナーが記述できるもので
はないので（実現手段が書けない），研究部門や技術開発部門と
連携して執筆することになる．社内にそのような組織がない場合
は，外部の弁理士や特許事務所に依頼する [5]．

　知財化する場合の留意点は，アイディアの実現手段や発展性も
含めて，アイディアを精査しておくことである．知財化する段階
で社内の技術開発部門が主体となる場合は，彼ら主導で知財活動
が行われる．デザイン部門から直接，社外の特許事務所などに委
託する場合は，アイディアを精査した結果の情報を求められる．
もちろん，連携しながら，QA などを通じて詰めていけばよいの
だが，精査しておいて損はない．

　知財化については，これ以上詳細な説明は必要ないと考える．
少なくとも本書の役割を超えるので，ここまでとする．

9-3
良い発想者となるために
（UX デザインの使命）

　良い発想者とは，クリエイティブ脳を持ち（6-1 節），感性豊
かで（同），ポジティブな思考ができる人である．経験や知識に
こだわる必要は無く，物事を多角的にとらえられる人，先入観に
とらわれない人，客観的な視点を持てる人が向いている．本節で
は，テクニカルな問題として，「クリエイティブ脳を持つ」「感性
を豊かにする」の 2 点について解説する．

■クリエイティブ脳を持つ
　クリエイティブ脳については，すでに 6-1 節に詳しく書いてい
るので，ここではおさらいとして概要に触れておく．

クリエイティブ脳は，イノベーティブ思考の根幹をなすものである．クリエイティブ脳とは，脳がクリエイティブな状態であることを指している．発想が豊かであるとかポジティブな発想というのは，脳が安定していてクリエイティブな状態にあることであり，著者はこれを「クリエイティブ脳」と呼んでいる．

　脳がクリエイティブな状態にあるときはドーパミンというホルモンが分泌することは知られているが，このときコルチゾールという他のホルモンの分泌が抑えられるそうだ（コルチゾールはストレスホルモンと呼ばれている）．コルチゾールとドーパミンは対極関係にあるため，コルチゾールが減るとドーパミンが分泌しやすくなるという [6]．脳がクリエイティブ脳になるわけだ．

　千葉大学環境健康フィールド科学センターの研究チームが，84 人の被験者に森を散策させ，同数の別の被験者には都市の中心部を歩かせ，脳の生理機能について調べている．その結果，自然の中を歩いたグループはコルチゾールが 16％減少していたそうである [7]．これは，自然の中を散策したことでドーパミンが分泌されやすくなり，クリエイティブ脳が刺激された，ということを意味している．したがって，脳を休ませたり自然豊かな刺激を与えたりすると安定し，発想しやすくなるのである．

　つまり，クリエイティブ脳を持つためには，「脳の休養」が必要である，ということだ．

■感性を豊かにする

　感性というのは，感じたことから何かを連想して，自分の言葉やイメージとして意識することであるから [8]，やはり経験と，経験によって蓄えられた豊富な"良い記憶"が必要である．

　もし，「他と違う個性」を持ちたいのであれば，6-1 節で述べた通り，"他と異なる感性"が必要である．皆がコンテンポラリーを目指している時はあえて古典的な切り口を探すとか [9]，意図して方向性を変える際には感性に応じてその"新たな方向性"を

セッティングする.

感性には「豊かな"良い記憶"」が必要であると述べたが，これは「豊かな良い経験」によって得られるものである．年齢はあまり関係ないが，相対的には，年齢に比例して良い記憶の量は多いと言える．と言っても，年齢が絶対的なものではなく，意識的に"良い経験"を重ねれば，確実に感性は豊かになる．この場合の"良い経験"とは次のようなものである．なお，感性を豊かにするには，著者が執筆した『実践 UX デザイン』（近代科学社，2018 年）の 5-3 節に詳しく述べているが，次のような活動が良いとされている.

- 質の高い芸術（演劇・美術・オペラ・歌舞伎など）を鑑賞する.
- 優れた人工物（特に建築など空間的なもの）に触れる.
- 大規模公園，水族館，動物園など，普段行かない場所を訪れる.
- 大自然の中でスポーツやレジャーを楽しむ，etc.

ここで述べているのは，休日の使い方がいかに大事であるか，ということに他ならない．ワークライフ・バランスが大事であるということは，アイディア出しについても言えるのだ.

■ UX デザインにできること

良い発想者になることは，UX デザインをつかさどる者の使命でもある．UX デザインは，デザイナーだけでなく，エンジニアやプランナー，マーケッターなど，さまざまな専門領域の者が協力し合う活動であるが，その中でもデザイナーは UX デザインをリードする使命を有していると言える．つまり，良い発想を行うことがデザイナーの使命であると言い換えてもよい.

デザインは，そもそもクリエイティブなアイディアを基盤とす

るものであるので，デザイナーの使命は自明であるわけだが，他の領域の人とチーム発想する場合は，発想方法や発想のまとめを牽引する必要もある．それも含めた使命であるわけだ．

　そのためには，本書で述べたような発想の種類や手法やツールに関心を持ち，日々のデザイン活動の中で試行錯誤しつつ，自社・自組織に合った方法なりツールを見極めておくようにする．アイディア発想に豊かな人が集まっている組織の場合は，強制発想法よりも抜け漏れをなくすような手法，たとえば，「オズボーンのチェックリスト」やその応用である「SCAMPER 法」や「TRIZ 法」などが有効である．

　その逆に，アイディア発想に不慣れな人がいる場合には，「クリエイティブ・マトリックス」や「エクスカーション」や「XB 法」など，強制発想法を用いるほうがよい．注意する点は，強制発想する方向性がモノではなくコトになるようにする点だ．その意味では，1-4 節で述べた，動詞と副詞で展開するのがよいであろう．

　まとめれば，自社・自組織の特性を考え，向いている方法は何かについて理解を深めておく．そのうえで，フェーズや目的やスキルなどに応じて数種類の方法を用いるようにすればよいのだ．そのような「チーム発想の戦略」ともいうべき計画を練っておくことも重要である．

　チーム発想の牽引者であるということは，必然的にチーム発想のファシリテーターになる機会も多いといえる．そうなってから慌てないよう，ファシリテーションの方法についても理解を深め，習得してほしい．アイディア発想を行いながらファシリテーションも行うのは，負荷もかかる大変な役割である．しかし，自社・自組織が良い UX デザインを行うためには，避けて通れないことでもある．その意味では，良い発想を必要とする大事なポイントでベストな行動が取れるよう，日々の研鑽が大事であることは言うまでもない．

参考文献 ほか

[1] 関係部門が並列的に開発を進めるアジャイル型開発の場合は「工程」という概念がないので，開発行為も同時進行している．

[2] 著者の経験では，組込み系 UI 開発の 40% 程度は手戻りであった．原因は 3 つに集約される．①要求仕様が未確定の内に開発を見切り発車する（後で要求がはっきりする），②使用状況の理解が浅く要件が不正確になる．③後工程のユーザビリティ評価で NG となり，改善のため設計変更が必要となる．（『実践 UX デザイン ー現場感覚を磨く知識と知恵ー』松原幸行，近代科学社，2018，2-3 節を参照）

[3] 知的財産としては具体的な実現手段の説明が必要となるため，良いアイディアというだけでは知的財産とは認められない．

[4] 先行デザインについては『実践 UX デザイン ー現場感覚を磨く知識と知恵ー』（近代科学社，2018 年）の 6-1 節を参照．

[5] 弁理士に依頼するには」（日本弁理士会） https://www.jpaa.or.jp/howto-request/

[6] 「自然に癒やされる」 https://natgeo.nikkeibp.co.jp/atcl/magazine/16/041900009/041900001/?ST=magazine

[7] 「ドーパミンとは」 https://www.human-sb.com/dopamine/

[8] 『実践 UX デザイン ー現場感覚を磨く知識と知恵ー』（松原幸行，近代科学社，2018 年）の 7-1 節「感性価値」を参照．

[9] 2017 年の横浜美術大学での IKKO 氏の特別講演会にて．

索引

著者紹介

松原 幸行 (まつばら・ひでゆき)

　美術専門学校を卒業後, パイオニア株式会社. 富士ゼロックス株式会社のデザイン部門を経て, 2006年にキヤノン株式会社 総合デザインセンターに所属し, アドバンストデザイン室などをリード. 2015年に退職. 現在はUXライター／コラムニストとして活動中.

その他
- ●CRXプロジェクト (発起人. 1995 〜 2012年)
- ●TC159 SC4/WG6に所属しISO 13407規格制定に参加 (1999年発行)
- ●ISO/IEC 24755(モバイルアイコン) エディター (2007年発行)
- ●NPO法人 人間中心設計推進機構(HCD-Net) の元副理事長, 元事務局長
- ●元HCD認定専門家資格
- ●HCDライブラリー (近代科学社) 編集委員

著書
- ●『実践UXデザイン ―現場感覚を磨く知識と知恵―』(近代科学社, 2018年)
- ●『HCDライブラリー0巻 人間中心設計入門』(共著, 近代科学社, 2016年)
- ●『SF映画で学ぶインタフェースデザイン アイデアと想像力を鍛え上げるための141のレッスン』(共訳, 丸善出版, 2014年)
- ●『ユーザビリティハンドブック』(共著, 共立出版, 2007年)
- ●『ヒューマンインタフェース』(共著, オーム社, 1998年)

UXデザインのための発想法

© 2019 Hideyuki Matsubara　　　　　　　Printed in Japan

2019年10月31日　　　　　　　　　　初版第1刷発行

著　　者	松　原　幸　行
発　行　者	井　芹　昌　信
発　行　所	株式会社 近代科学社

〒162-0843　東京都新宿区市谷田町2-7-15
電話　03-3260-6161　振替 00160-5-7625
https://www.kindaikagaku.co.jp

大日本法令印刷　　　　　　ISBN978-4-7649-0603-7